데이터로 알 수 있

경고

데이터로 알 수 있는

2030년 지구의 경고

초판 발행 · 2021년 9월 7일

지은이 후마 겐지
펴낸이 이강실
펴낸곳 도서출판 큰그림
등 록 제2018-000090호
주 소 서울시 마포구 양화로 133 서교타워 1703호
전 화 02-849-5069
문 자 010-6448-5069
팩 스 02-6004-5970
이메일 big_picture_41@naver.com

교정 교열 김선미
디자인 예다움
인쇄와 제본 미래피앤피

가격 15,000원
ISBN 979-11-90976-07-7 03450

데이터로 알 수 있는 2030년 지구의 경고

후마 겐지 지음

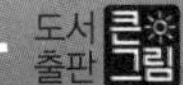

차례

3장 사라지는 숲이 식품 · 소매업체에 미치는 영향

4장 식탁에서 생선이 사라지는 날

5장 물을 둘러싼 사회 분쟁

일본은 세계에서 몇 안 되는 물 리스크에 노출되어 있는 나라이다

6장 감염병의 미래

코로나의 다음 위험은 무엇인가

7장 세계의 권력 이동

일본과 미국, 유럽의 중산층 비율이 50%에서 30%로 감소한다

과거의 상식이 통하지 않는 시대

"세상이 지금까지와 다른 시대로 접어들고 있다."

요즘 점점 더 많은 사람들이 그렇게 느낀다. 백 년에 한 번 온다는 대규모 자연재해가 거의 매년 전 세계에서 발생하고 있다. 과거에는 감염병이 유행해도 얼마 안 가 수습되었지만 이번에는 감염병 확산을 막기 위해 수개월 동안 사회 활동을 제한하는 사태도 벌어졌다. 한편 일본에서는 인재를 모집해도 사람을 채용할 수 없는 심각한 인력난이 지속되고 있다.

반면 밝은 이야기도 나왔다. 필자가 전문으로 하는 'SDGs(Sustainable Development Goals, 지속 가능한 발전 목표)', 'Sustainability(지속가능성)'라는 단어는 그동안 일부 전문가에게만 알려져 있었는데 그 단어를 아는 사람들이 차츰 증가하고 있다.

특히, 유엔이 2015년에 SDGs라는 세계 공통의 2030년 목표를 세웠다는 소식이 일본에도 전해지자, 정부와 비정부기구(NGO)는 물론 기업과 투자자도 인류 공동의 목표를 향해 나아가기 시작했다는 '희망에 찬 이야기'를 할 수 있게 되었다.

SDGs는 빈곤 퇴치, 기아 종식, 해양 생태계 보전, 육상 생태계 보호 등 17가지 목표(Goals)를 갖고 있다. 유엔은 이 목표를 달성하기 위해 169개의 세부 목표(Targets)를 정했다. 또한 자본주의 경제에서 활약하는 기관투자자들도 환경과 사회적 이슈를 고려하는 'ESG 투자(ESG는 환경, 사회, 지배구조(Environmental, Social and Governance)의 약자로 ESG 투자를 사회적 책임 투자라고도 한다. - 옮긴이)'를 시작했다는 것도 조금씩 알려지고 있다.

국제평화를 상징하는 유엔이 정한 목표에 인류사회가 하나로 뭉쳐 협력하게 됐다는 것은 매우 듣기 좋은 소식이다. 하지만 현실은 그렇게 단순하지 않다. 돌이켜 보면 기업과 투자자가 주축인 자본주의라는 사회를 가리켜 오래전부터 '빈부격차를 일으킨다', '지구 환경을 파괴한다'고 비판하는 목소리가 이어졌다.

예를 들면 SDGs의 13째 번 목표로 '기후변화 대응'이 있다. 기후변화를 막으려면 이산화탄소 배출을 줄여야 한다고 20년 넘게 말해 왔지만, 경제계의 반대로 별다른 진전이 없었다.

왜 기업과 투자자까지 '변하기 시작했는가'

그렇다면 비판의 대상이던 기업과 투자자가 10년 전에는 쳐다보지도 않았던 지속가능성과 SDGs 등의 테마에 왜 갑자기 관심을 보이는 것일까? 이 물음에 명확하게 답할 수 있어야 지금 세계에서 일어나는 경제와 정치적 동향을 진정으로 이해한다고 할 수 있다.

나는 직업상 강연이나 취재 요청을 자주 받는다. 국회의원, 관공서, 금융기관과 상장기업의 경영자, 언론 등 영향력 있는 사람들과 이야기할 기회가 많지만, 이 중요한 물음에 스스로 답할 수 있는 사람은 거의 없었다.

의외로 많은 사람이 환경공헌에 대한 기업의 적극적인 발언을 불편하게 생각하여 그런 감정을 해소하기 위해 '기업들 사이에 어쩌다 발생하는 일회성 유행'으로 치부한다.

SDGs는 '유럽의 전략'이라는 오해

기업과 기관투자자들이 지속가능성과 SDGs라는 용어를 사용하는 것은 '유럽이 세운 교묘한 전략'이라고 설명하던 시절도 있었다. 유럽에는 원래 새로운 가치관을 제시하고 자신에게 유리한 경쟁 규칙을 만드는 문화가 있다. 그 때문에 혹자는 이번에도 유럽이 SDGs라는 가치관을 규정해 자신들의 경제에 유리하게끔 주도권을 잡으려 한다고 생각한다.

물론 유럽 연합체인 EU는 기후변화와 SDGs를 적극적으로 정책에 도입하고 규제 강화를 위한 법률을 잇달아 제정했다. 그러나 유럽은 경제 성장이 정체되면서 '저물어가는 해'라는 말을 듣고 있다. 세계 경제에서 존재감을 잃은 유럽은 구호만으로 글로벌 경제의 흐름을 바꾸어 경쟁을 유리하게 만들 힘이 없다.

원래 2015년 SDGs와 파리 기후변화협약이 채택되었을 때, 국제정치에서 이런 주제를 주도한 것은 오바마 전 대통령이 이끄는 미국이었다. 산업계도 유럽에 있는 기업뿐 아니라 애플, 마이크로소프트, IBM, 월마트, 스타벅스, 코카콜라, 맥도날드, 나이키, 갭(GAP), 리바이스, 인텔 등 미국계 기업이 일찍부터 적극적으로 '지속가능성'이라는 말을 하기 시작했다.

그뿐만이 아니다. 의외일 수도 있겠지만 EU는 남아프리카와 중국의 정책을 참고하기도 한다.[1] 물론 정책을 만들어도 정책 실행에 문제가 있어서 성과가 나지 않은 것도 많다. 그럼에도 중국이 내놓은 정책 구상 자체는 눈길을 끌고 있다.

기관투자자의 경우에도 유럽이 주도하고 있다고 할 수는 없다. 앞서

---

1 예를 들면 남아프리카는 남아프리카 이사회(IoDSA)와 그 협회가 조성한 킹 위원회가 2009년 발표한 제3판 킹 보고서(King Report)에서 재무와 지속가능성의 기업정보 공개를 통합해야 한다고 제창했다. 또 2010년, 이를 참고해 요하네스버그증권거래소가 양자를 통합한 '통합보고서' 제출을 세계 최초로 의무화했다. 중국은 2016년, G20 항저우 정상회의에서 중국인민은행이 잉글랜드은행과 공동작성한 'G20 녹색 금융 종합보고서(G20 Green Finance Synthesis Report)'가 호평을 받았다.

잠깐 소개한 ESG 투자는 투자기업의 장래성을 분석할 때 재무정보 외에 환경(E), 사회(S), 기업지배구조(G)의 3가지 비재무적인 요소도 눈여겨보는 투자 기법을 말한다. 특히 유럽 기관투자자들이 그 기법을 활발하게 적용하지만, 캘리포니아주 직원퇴직연금기금(CALPERS), 뉴욕주 연금펀드, 스테이트스트리트(State Street) 등 미국의 대표적인 기관투자자들도 전 세계적으로 ESG 투자를 주도해 왔다.

금융기관에 특화된 서비스를 제공하는 미국계 기업 S&P, 무디스, 블룸버그, MSCI 등도 ESG 투자의 흐름을 만든 주역이다. 지속가능성과 ESG를 '유럽의 전략'이라고 치부하는 것은 현실을 직시하지 못하는 생각이다.

맥도날드와 월마트도 지속가능성 경영에 나서다

그러면 왜 기업과 투자자들조차 SDGs와 지속가능성이라는 용어를 앞다투어 사용하는 걸까? 단적으로 말하자면 기업경영과 투자판단을 할 때 이러한 주제를 피해 갈 수 없게 되었다는 강한 위기의식을 느꼈기 때문이다.

글로벌 기업은 이제 환경·사회 문제를 무시할 수 없게 되었다. 늦게 대처할수록 손실을 볼 위험이 커지고 시장에서 퇴출될 가능성마저 있다. 반대로 선제적으로 대처하면 경쟁력을 강화할 수 있다.

이런 냉엄한 현실 앞에서 글로벌 기업과 기관투자자들은 적극적으로 지속가능성을 경영에 적용하는 것이 경제적 합리성에 부합한다는 사실을 인식하게 됐다. 그들이 어떻게 이렇게 인식하게 되었는지는 졸저 『ESG사고』에서 자세히 다루었다. 여기서도 몇 가지 구체적인 예를 살펴보자.

세계 최고의 패스트푸드 회사인 맥도날드는 한때 환경 파괴적인 기업으로 비난받았다. 햄버거 패티에 쓰이는 쇠고기를 생산하려면 당연히 소를 사육해야 하는데 소를 기르는 목장을 정비한다는 이유로 많은 숲의 나무를 베어 버렸기 때문이다.

하지만 맥도날드는 2012년경부터 판다 마크로 잘 알려진 국제환경 NGO인 세계야생동물기금(WWF)과 함께 '지속 가능한 쇠고기를 위한 국제적인 원탁회의(GRSB)'를 설립했다. 그리고 쇠고기 생산으로 인한 환경 부담을 최소화하고 소 사육에서 동물복지와 생산자의 인권을 배려한 축우 기법을 함께 추진했다. 현재 양적 개선 효과를 보여 주는 보고서를 2년에 한 번씩 발행하고 있다.

세계 최대 유통업체인 월마트도 2000년대에 지역의 소규모 점포에 타격을 주어 지역사회를 초토화한다는 이유로 미움을 샀다. 그러나 월마트는 2018년 점포 직원을 대상으로 희망자에게 하루 1달러만 내면 직장에 다니면서 고등학교나 대학교에 다닐 수 있는 프로그램 '더 나은 당신의 삶을 위하여(Live Better U)'를 운영했다. 1만 2,000명이 이 프로그램을 이용하고 불과 2년 만에 30명이 대학학위를 취득하고 직업 훈련을 받아 지역사회 교육에 큰 역할을 하고 있다.

그뿐만이 아니다. 월마트 점포에서 취급하는 식품과 의류 제품은 대부분 개발도상국에서 생산되는데 월마트는 2008년경부터 제품을 조달해 온 의류공장과 농장의 노동환경 개선에도 나섰다. 맥도날드와 마찬가지로 월마트도 국제 인권 NGO인 케어인터내셔널과 월드비전과 제휴하고 있다. 이런 식으로 NGO는 월마트의 중요한 사업 파트너로 자리 잡았다.

단순한 '이미지 개선 전략'이 아니다

일본에서 극단적인 단체 이미지가 강한 국제 환경 NGO 그린피스는 노르웨이 규모 2위의 금융기관인 스토어브랜드의 환경 자문역을 맡아 기후변화를 고려한 투자 대출 정책을 세우는 데 주도적 역할을 하고 있다. 실제로 스토어브랜드와 그린피스는 공동으로 투자 대출처인 석유·가스 회사들에 이산화탄소 배출량 삭감을 요구하기도 했다. 그린피스 대표는 이제 자본주의의 상징으로 불리는 세계경제포럼의 연례 총회인 다보스 포럼에 초청돼 공개 토론에 나오기도 한다.

월 스트리트를 주름잡는 미국의 금융기업 JP모건 체이스도 2004년부터 사외이사로만 구성된 공적책임위원회를 이사회 내에 설립하고 사회·환경 문제 관점에서 프로젝트를 감독하게 한다. 경영진 측의 임원을 집어넣으면 그릇된 사업판단을 하기 쉬우므로 사외이사만 경영을 감독하는 제도를 기본으로 하고 있다.

기업이 환경과 사회를 배려한다고 하면 이미지 메이킹을 위한 위선으로 보는 사람들도 있을지 모른다. 하지만 지금 소개한 기업들은 NGO에 내부 상황을 투명하게 공개함으로써 자신들이 부족한 부분에 관한 문제점을 쉽게 지적받을 수 있게 했다. 그리고 그에 따른 과제에 대처하기 위해 사업에 많은 돈을 투자하고 있다. 이런 사례를 비추어 보면 그들의 행동은 '이미지 개선'이라는 차원을 훨씬 넘어섰다는 것을 알 수 있다.

세계가 추구하는 '8가지 분야'에 대한 대응

지금까지는 환경문제와 사회문제라고 하면 다소 극단적인 환경주의자나 인권론자, 좌파 운동가를 떠올리는 경향이 있었다. 그런 유형이 아닌 사람들에게 환경주의자나 인권론자들의 주장은 어딘지 '위기의식을 과장'하거나, '지나치게 비관적'으로 느껴졌다. 개중에는 거부반응을 보이는 사람도 있었다.

그러나 최근에는 환경주의자나 인권론자와는 가장 반대편에 있다고 인식되는 글로벌 기업과 기관투자자가 스스로 NGO와 소통하거나 투자기업에 대책을 요구한다. 그러면 그들이 두려워하는 '위기의식'의 실체는 무엇일까? 그것이 이 책의 주제이다.

지금 글로벌 기업과 기관투자자들은 기후변화, 농업, 산림, 수산, 물, 감염병, 권력 이동(Power Shift), 노동 인권 분야에서 강한 위기의식을 공유하고 있다. 단정적으로 말하자면 이 8개 분야의 장기 리스크에 대한 대응에 실패한 기업은 기관투자자 입장에서는 성장성과 장래성이 거의 없어 보이는 것이다.

앞서 언급한 ESG 투자에 관해 일본에서는 종종 '투자자가 기업들에게 환경과 사회에 기여하도록 요구하게 되었다'는 설명을 볼 수 있다. 그러나 이것은 사실이 아니다. 기업이 어떤 선행을 하건 8대 주요 분야에서 근본적인 대책을 내놓지 못하면 기관투자자는 그 기업을 유망한 투자대상으로 판단하지 않는다.

기관투자자의 경고

예를 들면 8.7조 달러(약 9,600조 원)를 운용하는 세계 최대 자산운용사 블랙록에서도 그런 자세를 볼 수 있다. 블랙록의 최고경영자(CEO) 래리 핑크(Larry Fink)는 매년 주주총회 시즌이 다가오면 전 세계 투자처 상장기업의 최고경영자들에게 요구사항을 쓴 서한을 보내는 것으로 유명하다. 2020년에 보낸 서한에는 이런 문구가 등장한다.

"지속가능성을 둘러싼 투자 리스크가 커지고 있는 점을 감안할 때, 기업이 지속가능성 관련 공시와 그 기반이 되는 사업 활동과 계획을 충분히 진전시키지 못한다면 우리는 (주주총회에서) 경영진과 이사 선출 결의안에 반대표를 던지고 싶어질 것입니다. (괄호 안은 저자가 보충 설명한 내용)"[2]

다시 말해 블랙록은 향후 주주로서 투자기업에 적극적으로 경영 방향을 제시하고 그럼에도 투자기업이 지속가능성을 증대하는 사업계획과 실행, 정보공개를 하지 않는다면 경영진과 이사 해임도 불사하겠다고 밝힌 것이다.

블랙록과 같은 자산운용사는 막대한 자금을 운용하는 것으로 유명한데, 그들이 굴리는 자금은 자사가 아닌 타인이 맡겨 놓은 자산이다. 여기서 타인은 연금기금이나 보험사 같은 기관투자자와 투자신탁을 매입하는 개인투자자를 말한다. 블랙록은 당연히 그들에게 인정받을 만큼의 투자 실적을 내지 않으면 시장에서 살아남을 수 없다.

그런 상황에서 투자자들의 투자수익률을 높이기 위해서는 투자한 기업이 지속가능성을 염두에 둔 사업개혁을 단행하는 것이 중요하다고 생각하게 된 것이다.

데이터가 가리키는 지구의 모습

1982년, 미국의 미래학자 존 나이스비트(John Naisbitt)는 『메가트렌드(Megatrends)』라는 책을 써서 세계의 이목을 끌었다. 그는 책에서 앞으

---

2 블랙록 'Larry Fink's Letter to CEOs: 금융의 근본적 재편(A Fundamental Reshaping of Finance)' (2020년)
https://www.blackrock.com/corporate/investor-relations/2020-larry-fink-ceo-letter

로 경제 세계화와 하이테크화, 정보사회화, 제3세계의 약진을 내다보며 세계적인 거대한 조류를 뜻하는 '메가트렌드'라는 단어를 만들었다. 오늘날 기관투자자가 관심을 기울이는 기후변화, 농업, 산림, 수산, 물, 감염병, 권력 이동, 노동 인권 등의 테마는 최신판 메가트렌드라고 할 수 있다.

하지만 메가트렌드를 일상적으로 의식하기란 쉽지 않다. 메가트렌드라는 변화의 물결은 크지만 오랜 시간에 걸쳐 밀려오기 때문에 그 변화를 알아차리기 어렵다. 특히 사람은 나이가 들수록 변화에 둔감해지는 경향이 있다. 그리고 과거 자신이 경험한 일이 영원히 지속될 것이라고 믿는다.

그런 잘못된 믿음을 바로잡으려면 실제 데이터를 보고 실제 상황을 이해하는 수밖에 없다. 일본에서도 최근 '데이터를 바탕으로 세상을 올바르게 인식하는 습관을 들이자'는 생각이 인기를 끌고 있다. 따라서 이 책에서는 기후변화, 농업, 산림, 수산, 물, 감염병, 권력 이동, 노동 인권의 중요한 8가지 분야에서 글로벌 기업과 기관투자자들이 공통적으로 사용하는 데이터를 바탕으로 현 상황과 미래 전망을 살펴보고자 한다.

제1장

수면 위로 올라온 기후변화의 심각성

세계의 현실

국제기구의 보고에 따르면 해수면이 5m 상승해, 도쿄와 오사카가 바다에 가라앉을 위험이 있다고 예측된다. (2300년 전망)

세계 곳곳에서 일어나는 이상기후

매년 발생하는 '수십 년에 한 번'

최근 들어 과거 어느 때보다 대규모 자연재해가 늘었다고 느끼는 사람들이 적지 않을 것이다. 일본 기상청은 동일본 대지진을 계기로 사람들에게 대피의 시급성을 알리기 위해 2013년 '특별경보'라는 시스템을 구축했다. 그 후 특별경보는 2013년에 1회, 2014년에 4회, 2015년에 1회, 2016년에 1회, 2017년에 1회, 2018년에 1회, 2019년에 3회 발령되었다. 모두 태풍이나 호우로 인한 발령이었다.

예를 들면 2019년에는 제19호 태풍이 하룻밤에 74개의 하천에서 제방을 128곳이나 무너뜨렸고 제15호 태풍은 지바현(千葉県)의 한 골프연습장 철탑을 파괴했다. 전년인 2018년에는 일본 서부에 폭우가 쏟아지면서 주고쿠 지방(中国地方)을 중심으로 대규모 침수와 산사태가 발생했다. 이렇게 수십 년에 한 번 일어난다는 특별경보가 실제로는 매년 발령되고 있다. 또 특별경보는 아니었지만, 2016년에는 야마나시현(山梨県)이 비정상적인 폭설로 외부로부터 고립되기도 했다.

이상기후가 자주 관측되는 나라는 일본만이 아니다. 2019년 6월, 서유럽에는 이례적인 폭염이 관측됐다. 프랑스는 45.9도라는 역대 최고 기온을 기록했다. 파리는 보통 여름에도 일본만큼 덥지 않기 때문에 지하철에 냉방설비가 설치되어 있지 않은 차량이 많다. 하지만 그해에는 더위를 견디지 못하고 괴로워하는 사람들이 속출했다. 이 폭염으로 프랑스에서만 1,500명 이상이 사망했다.

호우로 인한 하천 붕괴 뉴스는 중국에서도 드물지 않다. 미국에서는 보스턴을 비롯한 북동부 지역에 매년 겨울마다 폭설이 내려 교통이 마비되는 현상이 빚어지고 있다. 미국 서해안의 캘리포니아주에는 이례적인 건조한 날씨로 대형 산불이 일어나, 매출이 약 170억 달러에 달하는 지역 최대 전력회사가 2019년 파산했다.

이상기후는 인명을 앗아가고 사회에 중대한 손실을 입힌다. 벨기에 재난역학연구센터(Center for Research on the Epidemiology of Disasters, CRED)의 자료에 따르면, 지난 20년간 연간 사망자 수가 가장 많았던 것은 2010년 약 32만 명이었다. 그해 1월에 발생한 아이티지진 사망자가 22만 명으로 큰 비율을 차지했고, 그 외에도 화산 폭발, 폭염, 홍수 등이 전 세계에서 잇달아 재난 지원 관계자들에게 슬픈 기억으로 남아 있다.

자연재해는 인명 피해와 경제적인 손실이라는 두 가지 타격을 입힌다. 일본열도에서 동일본 대지진으로 인해 1만 6,000명이 목숨을 잃었던 2011년에는 전 세계의 재해사망자가 3만 1,000명을 넘었다. 그러나 2012년 이후 사망자 수는 감소했고 2019년까지 2만 5,000명을 넘은 해는 없었다. 다소 무신경한 표현일 수도 있지만 2018년에는 재해사망자가 1만 1,000명까지 감소했다. 방재의식과 재해 발생 시의 대응책 수준이 세계 전반적으로 향상되었기 때문이다. 인명 보호라는 측면에서 인류는 크게 발전하고 있다.

급격히 커지는 경제적 손실

그런 한편, 자연재해로 인한 경제적인 손실은 해가 갈수록 심각해지고 있다. 우리는 재해에 대비하기 위해 손해보험에 가입하는데 세상에는 보험사가 가입하는 '보험사의 보험사'라는 업종이 존재한다. 바로 재보험사다. 재보험사는 세계 어딘가에서 재난이 발생했을 때 보험사에 보험금을 지급해야 하므로 항상 전 세계 재난 상황을 지속적으로 주시하고 있다.

재보험사 중 하나인 스위스재보험은 매년 전 세계 자연재해로 인한 경제적 피해 통계자료를 발표한다(도표 1-1). 자료에 따르면 동일본 대지진이 발생한 2011년 자연재해로 인한 손해액은 4,500억 달러(약 509조 6,000억 원)로 역대 최대를 기록했다. 두 번째로 큰 것은 2017년 3,500

억 달러였는데 그 해에 두 개의 거대한 허리케인이 미국을 강타했다. 이 자료는 허리케인과 태풍에 의한 피해 규모가 이미 대규모 지진에 근접해 있음을 보여 준다.

손해액(보험손해액과 무보험손해액의 합계)은 1990년경부터 상승하기 시작했다. 10년 이동평균을 보면 2010년 이후부터는 1990년까지의 4배 이상으로 불어난 것을 알 수 있다. 손해보험사로서는 손해보험 가입자를 늘리는 것이 중요한 사업전략이지만, 자연재해가 증가하는 가운데

1-1 1970~2018년의 자연재해로 인한 세계 손해액

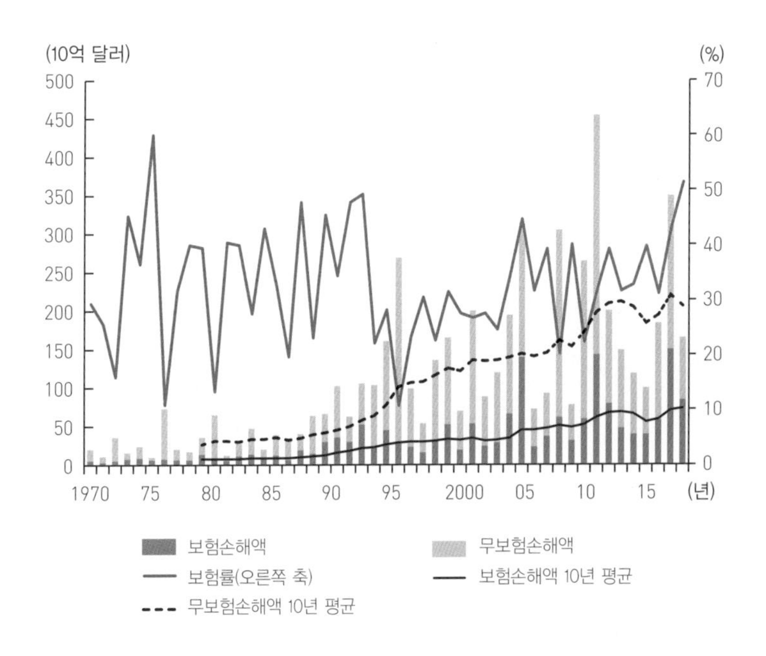

출처: 스위스재보험의 자료를 근거로 저자가 작성함

가입자가 늘어나면 보험금 지급액도 늘어난다.

전체 손해액 가운데 손해보험에 가입한 손해액 비율을 나타내는 도표 1-1의 '보험률'은 매년 심하게 등락을 반복하는 듯하지만, 장기적으로는 높은 수준을 보인다. 1990년경까지는 개발도상국의 보험가입율이 낮았기 때문에 자연재해가 선진국에서 발생하면 도표의 보험률이 오르고 개발도상국에서 발생하면 보험률이 떨어지는 경향이 있었다.

그러나 전 세계적으로 자연재해가 늘기 시작한 1995년경부터는 개발도상국의 영향으로 보험률이 일시적으로 낮아졌다가 개발도상국의 경제가 발전하고 보험가입자가 늘면서 도표의 보험률이 상승하기 시작했다. 이렇게 자연재해와 보험가입자라는 두 요소가 동시에 증가하자 보험사와 재보험사의 부담이 상당해졌다.

앞으로 손해액은 어떻게 될까? 이상기후가 앞으로도 증가한다면 손해액도 그에 비례해 늘어날 것이다. 지금은 사망자 수가 줄고 있지만 이상기후가 심해지면 대책이 따라가지 못해 늘어날 수도 있다. 그렇다면 기후변화에 따른 미래는 어떻게 예측될까?

멈추지 않는 기온상승

800명 이상의 학자가 기후변화를 지적하다

기후변화는 실제로 일어나고 있는가, 그렇지 않은가. 놀랍게도 일본에는 '그렇지 않다'고 생각하는 회의론자들이 많다. 하지만 유엔은 지난 수십 년간 매우 높은 확률로 '지구는 온난화하고 있다', '지구온난화의 주범은 인위적인 온실가스'라고 일관되게 주장하며 그 주장을 뒷받침하는 과학적 데이터를 제시해 왔다. 그 데이터를 기반으로 국제회의가 개최되고 각국 정부는 교토의정서와 파리협정 등 기후변화 대책을 위한 국제조약을 체결했다.

최근에는 기상청을 비롯한 일본의 각 정부 기관도 기후변화가 실제로 일어나고 있다고 언급하게 되었다. 환경문제를 논할 때 일본은 '지구온난화'라고 표현하지만, 국제적으로는 '기후변화'라는 용어를 더 많이 쓴다. 지구가 온난화하면 더운 날이 늘어나는 것뿐 아니라 폭설, 폭우, 비정상적인 폭염과 한파 등도 일어나기 때문이다.

기후변화의 발생에 관해 유엔은 '기후변화에 관한 정부 간 협의체(IPCC)'라는 국제기구가 발표한 보고서를 근거로 든다. IPCC는 유엔환경계획(UNEP)과 세계기상기구(WMO)라는 두 국제연합기구가 기후변화에 관한 과학적 지식과 견해를 결집하기 위해 1988년에 설립한 국제기구다. 세계 각국의 저명한 과학자를 초빙하여 기후변화에 관한 분석보고서를 만든다.

IPCC의 첫 보고서인 제1차 평가보고서는 1990년에 발표되었다. 그 후 1995년에 제2차 평가보고서, 2001년에 제3차 평가보고서, 2007년에 제4차 보고서를 발행해 왔다. 가장 최근의 보고서는 2013년 9월에서 2014년 4월까지 3회에 걸쳐 발표한 제5차 평가보고서(AR5)다. 무려 831명의 과학자가 이 보고서를 작성하는 데 참여했다.

참여한 과학자 가운데 30%는 개발도상국 출신으로 선진국의 의견에 치우치지 않도록 한 배려가 엿보인다. 또 새로운 지식을 도입하기 위해 처음으로 집필에 참여한 사람이 60%를 넘었고 전체 집필자 수도 50% 증가했다. 이런 이유로 IPCC의 보고서는 기후변화 분야에서 세계에서 가장 신뢰할 수 있는 보고서로 평가받는다.

제5차 평가보고서에는 회의론자들의 이론도 면밀하게 검토되었는데, 인간사회에서 배출되는 이산화탄소가 지구온난화의 원인일 확률이 95% 이상으로 나왔다. 이제 회의론자들도 더는 이 사실을 부인할 수

없게 되었다.[1]

참고로 온실가스는 이산화탄소(CO_2) 외에 메탄(CH_4), 아산화질소(N_2O), 수소불화탄소(HFCs), 과불화탄소(PFCs), 육불화황(SF_6), 삼불화질소(NF_3)의 7가지가 있다. 온실가스 배출량을 계산할 때는 모든 종류의 온실가스를 이산화탄소로 환산하는 것이 규칙이다. 그래서 여러 종류의 온실가스를 '이산화탄소'라고 총칭하는 경우가 많다. 이 책에서도 앞으로 이산화탄소로 용어를 통일하겠다.

기온이 4~6℃나 상승한 유럽

그러면 제5차 평가보고서는 세계의 기온이 앞으로 몇 도 상승한다고 예측했을까? 결론은 '2100년의 기온은 1986년에서 2005년까지 20년 동안의 평균보다 최대 4.8℃ 상승할 것'[2]이라고 한다. 기후변화 문제를 이야기할 때 최근에는 '산업혁명 전과 비교해서'라는 표현이 자주 쓰이는데 산업혁명 전이란 1850년부터 1900년까지의 기간을 말한다. 산업혁명 후부터 1995년경까지 기온은 0.6℃ 상승했으므로 제5차 평가보고서는 '산업혁명'을 기점으로 '2100년까지 5.4℃ 상승한다'고 예측한 것이다.

---

1 IPCC "AR5 WG1 SPM"p.17 (2013)

2 IPCC "AR5 WG1 SPM" p.20 (2013)

지금 50세 이상인 사람들은 어릴 적보다 여름이 더 더워지고 겨울에 눈이 내리는 날은 줄었다고 느끼지 않는가? 그들의 어린 시절부터 지금까지 상승한 기온은 평균 1.7℃에 불과하다[3](도표 1-2). 그런데도 이미 기온이 상당히 올라갔다고 느낀다. 그 점을 생각하면 기온이 4.8℃ 상승하는 것이 얼마나 큰 변화를 불러올지 짐작이 갈 것이다.

1-2 일본의 연평균기온 편차

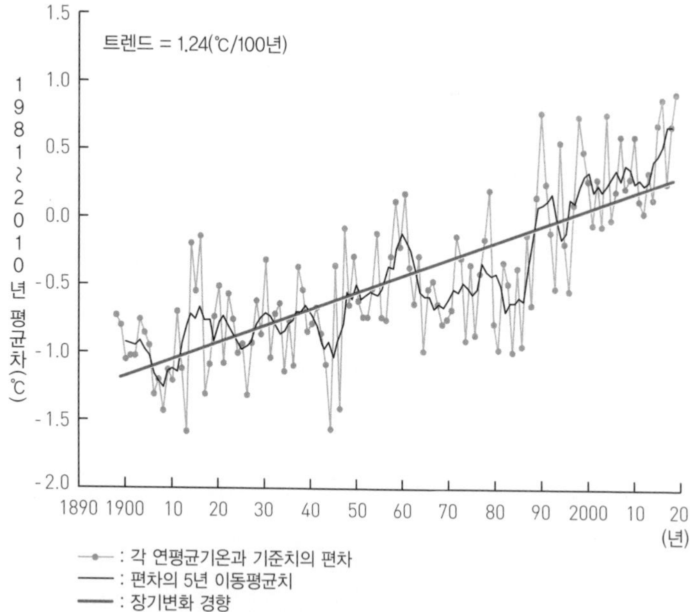

출처: 일본 기상청

---

3 일본 기상청 〈일본의 연평균기온 편차(℃)〉 (접속일: 2020년 5월 3일)

심각해지는 자연재해와 이상기후

기온상승이 미치는 영향은 단순히 더운 여름이 더욱 더워지고 겨울에도 기온이 상승하는 것에서 끝나지 않는다. 기온상승은 날씨의 메커니즘을 바꿔 놓기 때문에 기상이변을 일으킨다. 대표적인 예로 폭우, 가뭄, 홍수, 태풍(태평양의 태풍·대서양의 허리케인·인도네시아의 사이클론)의 거대화를 들 수 있다.

태풍

먼저 태풍에 대한 예상이다. 제5차 평가보고서는 지구에서 태풍 발생 빈도는 현상태를 유지하거나 감소하겠지만, 각각의 태풍이 거대화할 가능성이 크다고 예측한다. 특히 일본의 남해상에서 하와이, 멕시코에 걸쳐서는 거대한 태풍이 발생할 가능성이 높다고 점치고 있다.

2019년, 일본열도를 초토화한 태풍 19호 하기비스의 최대풍속은 초속 55m였다. 2018년에 일본 정부가 집계한 향후 전망에 따르면[4] 이를 훨씬 웃도는 최대풍속 초속 59m 이상의 태풍이 발생할 가능성이 크다.

폭우

태풍 외에도 일본열도에서 폭우가 발생하는 횟수가 늘어날 전망이다. 기상청의 예측에 따르면 전국적으로 1시간에 50㎜ 이상의 폭우가 발생하는 횟수가 연간 2배 이상으로 증가할 것이다(도표 1-3). 원래 태풍으로 인한 폭우가 많이 발생하는 오키나와(沖縄)와 아마미군도(奄美群島)도 약 2배로 증가하며 폭우가 지금까지 별로 없었던 도호쿠(東北), 호쿠리쿠(北陸), 홋카이도(北海道)는 무려 5배 가까이 증가한다고 한다. 자연히 폭우로 인해 하천 범람, 해안가의 높은 파도, 도시지역의 침수 위험이 커진다.

전 세계적으로 보아도 기온이 상승하면 폭우의 위력이 증가한다. 특히 아시아 전역, 아프리카 중부, 아르헨티나에서는 폭우에 의한 강수량이 10~15% 증가할 것으로 예측된다.[5]

---

4 일본 환경성 외 〈기후변화의 관측·예측 및 영향 평가 통합보고서 2018〉

5 Fischer et al. "Models agree on forced response pattern of precipitation and temperature extremes" (2014)

1-3 시간당 강수량 50㎜ 이상의 1지점당 발생 횟수 변화

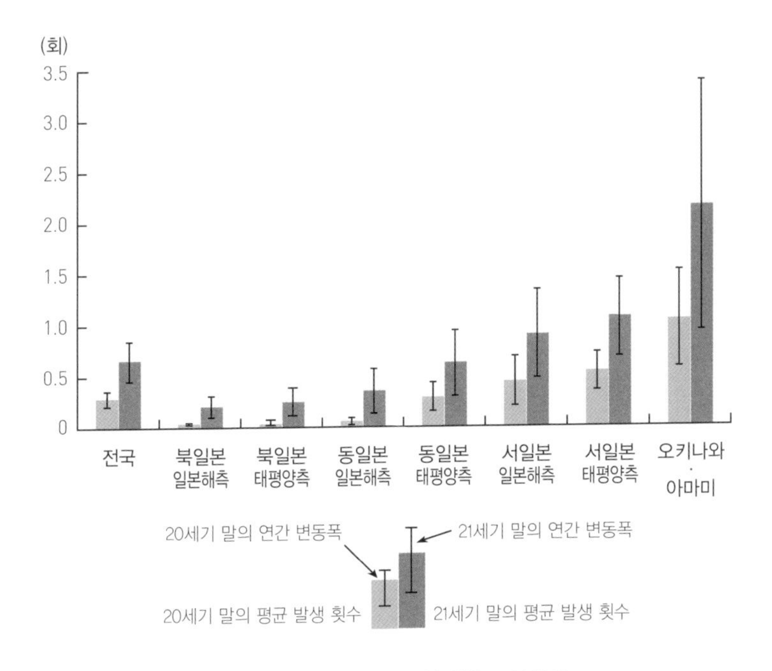

출처: 일본 환경성 외『기후변화의 관측·예측 및 영향 평가 통합보고서 2018』

가뭄

기상청에 따르면, 일본열도에는 앞으로 폭우가 증가하는 반면 전체 강수량은 감소한다(도표 1-4, 권말부록 273쪽 컬러 그림 확인). 즉 태풍과 폭우가 발생할 때 외에는 오히려 비가 오는 날이 줄어든다는 것이다. 그것은 태풍이 통과하지 않거나 폭우가 발생하지 않은 지역은 반대로 물 부족에 시달려 가뭄으로 인한 피해가 발생하고 농작물이 자라지

1-4 연강수량과 계절별 3개월 강수량의 변화 예측

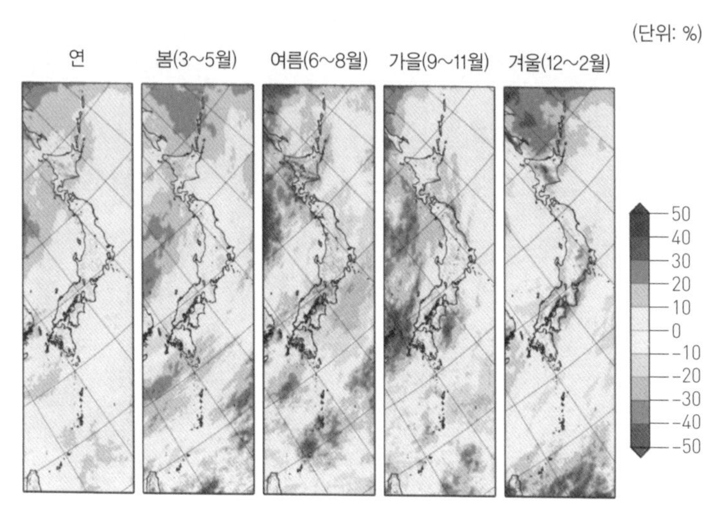

(주) 현재 기후에 대한 변화율

출처: 일본 기상청 『지구온난화 예측 정보 제9권』 2017년
※ 권말부록 273쪽에서 컬러 그림으로 확인할 수 있다.

않는 또 다른 재해가 발생한다는 뜻이다.

강수량이 부족해지는 것은 비를 내리게 하는 태평양 고기압의 위치가 남쪽으로 이동해서 태평양에서 증발한 물이 비구름을 형성해 일본으로 오는 일이 적어지는 식으로 기상 패턴이 변하기 때문이다. 그 결과 장마철이 늦어지고 여름에는 규슈 동부에서 혼슈 태평양 쪽에 이르는 지역의 비가 감소한다. 그러면 수도의 생활용수가 부족해질 가능성도 있다.

산불

기후변화가 일으키는 다른 문제로 산불이 있다. 2019년에는 호주에서 산불이 번져 소실된 면적이 12만km^{2}를 넘었다. 이것은 홋카이도와 이와테현(岩手県), 후쿠시마현(福島県)을 합친 규모다. 시드니대학의 추계에 따르면 야생동물 4억 8,000마리가 희생되고 그 지역에 서식하는 코알라의 약 30%에 이르는 800마리가 목숨을 잃었다. 주택도 뉴사우스웨일스주만 해도 1,500동 이상이 소실되었다.

원래 호주는 산불이 많은 나라다. 호주 산림의 4분의 3은 코알라의 먹이로 알려진 유칼립투스 나무이며 유칼립투스 잎은 인화성 물질인 테르펜(terpene)이라는 유분을 방출한다. 여름에는 고온다습해서 테르펜 농도가 상승하는데 마찰 등 어떤 원인이 촉매가 되어 발화하면 단번에 타오른다.

유칼립투스는 자기방어를 위해 나무껍질이 쉽게 타 불이 붙으면 껍질이 줄기에서 떨어져 줄기가 잘 타지 않게 되어 있다. 그러나 기후변화로 비정상적인 폭염이 발생하면 불길이 빠르게 번져 유칼립투스의 자기방어 수단만으로는 대응 속도를 따라잡을 수 없다. 그 결과 산불은 손쓸 수 없는 대형 화재가 된다.

특히 북미 지역은 향후 기후변화에 따른 대규모 산불이 우려된다. 이미 미국 캘리포니아주에는 산불이 중대한 문제로 부각되었다. 태평양에 면한 캘리포니아주는 비교적 숲이 많아 과거에도 산불이 빈번하게 일어났다.

과거 수십 년 동안 매년 7,000건에서 9,000건 사이로 산불의 빈도 자체는 지금도 크게 변하지 않았다. 하지만 회당 화재 규모가 커졌다. 2010년까지 10년간 발생한 산불의 면적은 연간 2,500km²였지만 2010년 이후에는 3,000km²로 늘었다. 또 2017년에 5,600km², 2018년에는 7,700km²로 규모가 확연히 커졌다. 이는 일본 시즈오카현(靜岡県)에 이르는 면적이다(7,407.6km²인 충청북도의 면적보다 더 크다. - 옮긴이).

2017년과 2018년의 대형 산불은 기업 활동에도 크게 영향을 미쳤다. 그중에서도 520만 가구에 전기를 공급하는 대형 전력회사 퍼시픽 가스 앤드 일렉트릭(PG&E)은 파산 신청을 할 정도로 직격탄을 맞았다. 산불로 송전망이 파괴되면서 전기 공급을 중단해 매출이 격감했을 뿐만 아니라 강제 단전으로 피해를 본 고객에 대해 막대한 손해배상 책임을 져야 했기 때문이다. 대출금 이자를 지급하지 못하게 된 PG&E는 결국 재판소에 연방파산법 제11조에 따라 파산 보호를 신청했다. 부채 총액은 추계 500억 달러(약 55조 9,500억 원)를 넘었다. PG&E가 파산하자 그 업체에 대출을 해 준 은행과 투자자도 큰 손실을 보았다.

미국환경보호국(EPA)은 미국에서 산불이 향후 더욱 크게 발생할 것으로 예측한다. EPA가 발표한 2100년경의 산불 예상 지도(도표 1-5, 권말부록 273쪽 컬러 그림 확인)를 보면 미국 서해안 전역에 산불이 날 위험성이 커진다. 특히 텍사스주 서부는 캘리포니아주 이상으로 산불이 날 가능성이 크다. 그 지역에는 넓은 사막지대가 존재하지만, 일본이 미국

1-5 2100년 미국 전역의 산불 소실 면적 예측

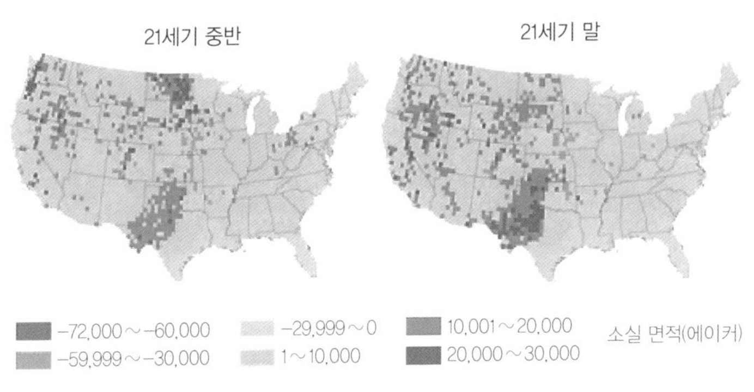

출처: EPA "Climate Action Benefits: Wildfire" 2015년
접속일 : 2019년 12월 31일
※ 권말부록 273쪽에서 컬러 그림으로 확인할 수 있다.

에서 수입하는 농작물과 유제품, 공업제품 중 상당수는 미국 서부지역에서 생산된다. 앞으로 대형 산불이 빈번하게 발생한다면 미국에 진출한 기업뿐 아니라 미국 제품을 수입하는 기업도 타격을 입을 수 있다.

기온상승으로 인한 해수면 상승의 공포

해수면이 5미터 상승할 가능성도

지구의 기온이 상승하면 남극과 그린란드, 시베리아의 얼음이 녹아서 해수면이 높아진다. 이런 이야기는 누구나 한 번쯤 접한 일이 있을 것이다. 하지만 꽤 예전부터 있었던 이야기여서 '정말로 해수면이 상승하긴 하는 건가' 하고 고개를 갸웃하는 사람도 있다.

그러나 유감스럽게도 일본의 해안에서도 이미 해수면 상승이 관측되고 있다. 일본 국토교통성 국토기술정책종합연구소의 분석에 따르면, 도쿄만의 입구라 할 수 있는 요코스카시(横須賀市)의 구리하마항(久里浜港)의 해수면은 약 50년 동안 15㎝ 상승했다. 고작 15㎝라고 생각한다면 오산이다. 앞으로 상승 속도가 빨라질 가능성이 있기 때문이다. 국토교통성은 2019년 9월에 '기후변화로 인한 해수면 상승과 해외재해의 격화에 대한 대응'을 검토하기 위한 위원회를 발족했다.

그러면 IPCC는 향후 해수면이 얼마나 상승한다고 예측할까? 제5차 평가보고서에는 1986년부터 2005년까지 20년간의 평균에 대비해 2100년까지 최대 82㎝ 상승한다고 예측했다. 그 후 2019년에 발표한 『해양·설빙권 특별 보고서』에서는 2100년까지 최대 1.1m 상승할 것이라고 상향 조정했다. 2300년에는 최대 5.4m 상승한다는 추계도 발표했다.

만약 해수면이 5m 상승하면 일본열도의 지형은 어떻게 변할까? 미국 항공우주국(NASA)의 데이터를 구글맵으로 투영한 그림을 보면 해발이 낮은 해안지대와 하천유역은 물에 잠기는 지역을 나타내는 '파란색'으로 바뀌어 있다(도표 1-6, 권말부록 274쪽 컬러 그림 확인). 간토 지방에는 에도가와(江戸川)와 아라카와(荒川)가 한데 모이는 도쿄(東京) 동부, 사이타마(埼玉) 동부가 이에 해당된다. 간사이 지방에는 오사카(大阪)만 연안 일대와 오사카 동부가, 주부 지방에는 기소산센(木曽三川) 하류 유역 전체가 수몰된다. 옛 지도를 잘 아는 사람이 이 지도를 본다면 지형이 고대시대로 돌아가고 있음을 알아차릴 것이다.

수억 명이 이주해야 하는 상황

이처럼 해수면 상승은 현실이 되었다. 서구 국가들과 지방 정부들은 미래의 해수면 상승에 대비하여 이미 웹사이트에 해일에 의한 홍수

1-6 **해수면이 5m 높아질 때 물속에 잠기는 지역(3대 도시권)**

긴키권(近畿圈)

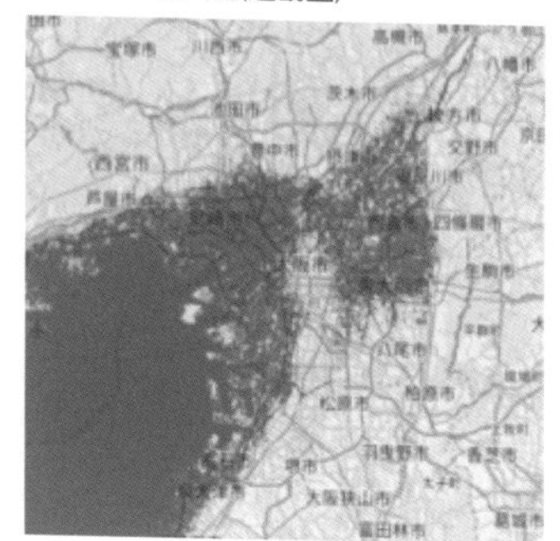

주쿄권(中京圈)

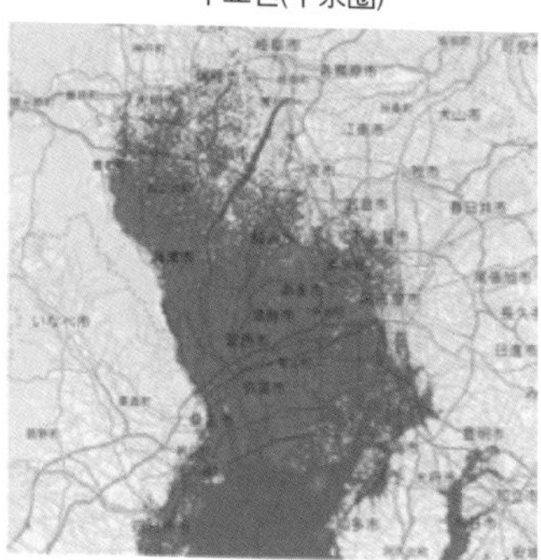

수도권(首都圈)

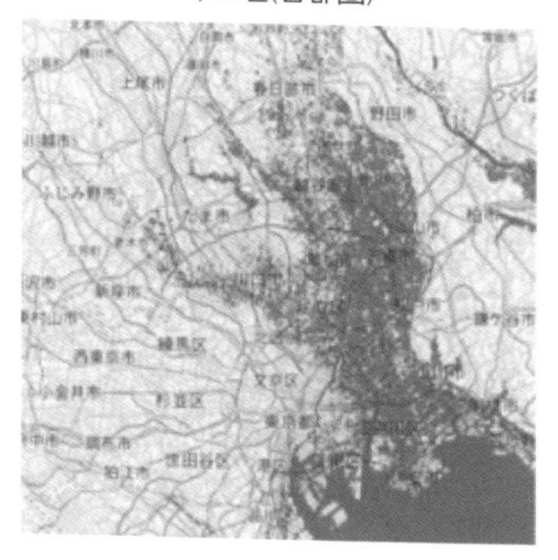

출처: flood.firetree.net

※ 권말부록 274쪽에서 컬러 그림으로 확인할 수 있다.

위험 지도를 공개하고 있다.

예를 들면 미국 보스턴은 해수면 상승으로 인한 홍수 위험을 2030년, 2050년, 2070년의 3개 기간으로 나누어 보여 준다. 지도의 하늘색 부분은 2050년에 연간 홍수 위험이 1% 이상, 짙은 파란색 부분은 10%

이상인 지역이다(도표 1-7, 권말부록 275쪽 컬러 그림 확인). 해안지역은 상당히 많은 부분이 해수면 상승으로 인해 홍수가 일어날 위험이 크다는 것을 알 수 있다.

일본의 지자체도 해저드 맵(hazard map)을 제공한다. 하지만 그 지도는 폭우나 태풍에 의해 하천이 불어날 때의 위험을 나타낸 것이므로 해수면 상승은 표시하지 않았다. 서구 국가와 지방 정부는 이미 해수면 상승에 대비해 홍수 위험 지도를 제공하여 신규 부동산 개발이나 공장건설에 경종을 울리고 위험성이 큰 지역에 사는 주민에게 자발적

1-7 보스턴시의 해수면 상승에 따른 홍수 예측 지도

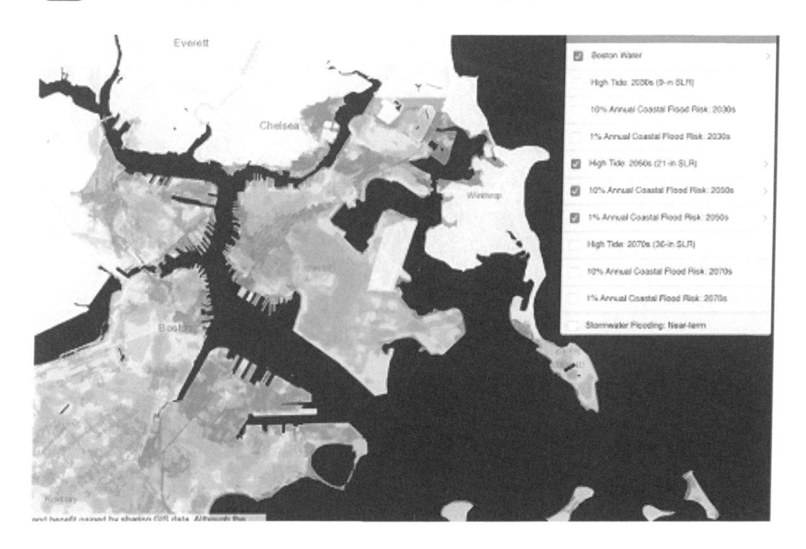

출처: City of Boston "CLIMATE READY BOSTON MAP EXPLORER"
※ 권말부록 275쪽에서 컬러 그림으로 확인할 수 있다.

인 이주를 유도하고 있다. 당연히 홍수가 날 위험이 있다고 표시된 지역에 물건을 보유한 부동산회사는 정부의 이런 정보 제공이 반갑지 않을 것이다. 하지만 부동산회사의 불평과 민원이 들어와도 지자체들은 물러서지 않고 해수면 상승 대책을 추진하는 중이다.

유엔에서 이주를 담당하는 기구인 이민정책연구원(IOM)은 기후변화 때문에 2050년까지 세계에서 2,500만 명에서 10억 명이 이주해야 할 것으로 예측한다. 이주 요인으로는 해수면 상승으로 인한 거주지 상실, 물 부족, 산호초 백화 현상에 의한 관광업 쇠퇴, 농작물 생산량 감소, 열사병 등의 질병을 꼽는다.

해수면 상승으로 인한 강제 이주라고 하면 태평양에 있는 섬나라를 떠올리는 사람들이 많다. 실제로 키리바시, 나우루, 투발루는 정부 주도하에 해외 이주 계획을 검토하고 있다. 이미 자발적으로 이주를 결정한 사람도 있으며, 지금까지 누계 키리바시 5,000명(인구의 4%), 나우루 1,000명(인구의 8%), 투발루 2,000명(인구의 20%)이 해외로 이주했다.

유엔 산하 연구기관인 국제연합대학 환경인간안전연구소(UNU-EHS)에 따르면 앞으로 기온이 약 3℃ 상승할 경우, 2055년에 누계 해외 이주민이 키리바시는 35%, 투발루는 2배로 증가할 것이라고 한다.[6] 호주대학은 2050년, 이주민 수가 키리바시 2배, 나우루 2.5배, 투발루 2.5

6 UNU-EHS "How does climate change affect migration in the Pacific?" (2016)

배로 늘어난다고 예측한다.[7] 이들을 '태평양 기후 이주민'이라 부른다.

태평양 기후 이주민이 갈 곳은 주로 호주와 뉴질랜드다. 양국 국회는 이미 향후 대량 이민을 받아들일지를 논의하는 중이다. 물론 일부 정부와 국회의원들은 이민자 수용에 신중한 견해를 밝힌다. 그래서 두 나라는 현재 태평양 기후 이주민의 수를 조금이라도 줄이기 위해 태평양 섬나라에 대한 경제적·기술적 지원을 강화하고 있다.

7 Curtain & Dornan "A pressure release valve? Migration and climate change in Kiribati, Nauru and Tuvalu" (2019)

손해보험사의 경영 리스크

재해로 부풀어 오르는 보험금

기후변화에 따른 이상기후와 해수면 상승으로 가장 큰 위기의식을 느끼는 것은 이 장 처음에 언급한 손해보험사다. 손해보험사는 재해가 발생할 때마다 막대한 손해보험금을 지급해야 한다. 그 금액은 이미 상승하고 있으며 앞으로 더욱 상승할 것으로 추정된다.

자연재해와 손해보험에 관한 이야기를 하면 동일본 대지진으로 손해보험사가 경영 파탄 상태에 이르렀으리라고 생각하는 사람들도 있다. 하지만 손해보험은 지진과 지진 외의 자연재해를 완전히 다르게 취급한다. 예를 들면 일본의 지진보험은 정부가 국책 차원에서 정비한 것이므로 일정 금액 이상의 손해가 발생하면 최종 지급되는 손해보험금 대부분을 정부가 세금으로 충당해 준다.

그러므로 대지진이 발생해도 손해보험사는 경영상 크게 타격을 입지 않는다. 2011년의 동일본 대지진으로 지급된 보험금 5.5조 엔 중 손해보험사가 부담한 보험금은 1.2조 엔, 정부가 부담한 보험금은 4.3조 엔이었다.[8] 정부가 지진보험제도를 크게 지원하고 있음을 알 수 있다.

그러나 태풍, 폭우, 산사태, 홍수 등 지진 외의 재해는 손해보험사가 보험금을 모두 지급해야 한다. 2018년에 발생한 태풍 21호와 24호로 지급된 손해보험금은 1.2조 엔이다. 거기에 같은 해 발생한 서일본 폭우를 추가하면 총 1.3조 엔이다. 이것은 동일본 대지진이 발생했을 때 민간에 의한 지진보험부담분과 거의 비슷한 규모다. 또 2019년 태풍 15호와 19호로도 손해보험 지급액이 1조 엔을 넘어서 최근에는 거의 매년 동일본 대지진과 맞먹는 보험금을 손해보험사가 지급해야 할 지경이 되었다.

재보험사도 경영 악화

물론 손해보험사도 리스크 헷지(회피, 분산) 수단을 갖고 있다. 앞서 언급했듯이 세상에는 '보험사의 보험사' 역할을 하는 재보험사가 있다. 재보험사는 전통적으로 유럽에 많으며 뮌헨재보험, 하노버재보험, 스위스재보험, 스콜(SCOR), 로이즈 오브 런던(Lloyd's of London) 등이 유명

8 일본손해보험협회 〈동일본 대지진에 대한 손해보험업계의 대응〉 2012년

하다. 예를 들면 일본의 손해보험사가 2019년 태풍 15호와 태풍 19호로 지급한 1조 엔 상당의 보험금 중 손해보험사가 실질적으로 부담한 금액은 4,000억 엔 정도였다. 나머지는 재보험사에서 지급하는 보험금으로 충당할 수 있었다. 재보험사 덕분에 각국 손해보험사의 경영은 대형 재해가 일어나도 크게 타격을 입지 않는다.

하지만 그렇게 되면 당연히 재보험사의 부담이 확연히 커진다. 재보험사는 보험사로부터 보험료를 받아서 재난 손해 위험을 떠안고 있는데, 스위스재보험도 최근 보험료 수입보다 지급보험금이 커지는 사태가 발생해 경영상태에 서서히 금이 가게 되었다. 결국 재보험사는 보험사에 부과하는 보험료를 인상했다. 그러면 당연히 보험사도 기업과 가정에 부과하는 손해보험료를 인상하지 않을 수 없다. 일본도 이미 대형 손해보험사는 보험료를 대폭 인상했다.

물론 재보험사가 받는 재난 위험을 다른 기관으로 회피하는 메커니즘도 존재한다. 그중 하나가 캣본드(Catastrophe Bond, 재해 연계 채권)라는 특수한 채권이다. 캣본드를 보유한 사람은 정기적으로 고금리 수입을 얻을 수 있다. 하지만 미리 설정된 규모 이상의 재난이 발생하면 채권보유자는 캣본드에 투자한 원금의 일부를 상환받지 못한다. 즉 대재난이 일어나면 재보험사가 보험사에 지급해야 하는 보험금 일부를 캣본드를 구매한 투자자가 부담하는 구조이다.

캣본드는 예전에는 안정적으로 높은 수익이 보장되는 상품으로 인기가 있었다. 그러나 최근에는 잇달아 발생하는 대형 재난으로 장점이 점점 사라져서 채권가격이 불안정해졌다. 다시 말해 기관투자자들 사이에 캣본드의 인기가 떨어져 재보험사들의 자금 조달을 위한 지원이 약해진 셈이다.

투자처의 '사업 리스크' 요인으로서 관심을 갖다

프랑스에 본사를 둔 세계 최대 보험사인 악사(AXA)손해보험의 발표에서도 손해보험업계를 둘러싼 환경의 변화를 엿볼 수 있다. 악사는 2017년 연례보고서에서 기후변화는 자사의 최대 리스크 요인이라고 언급하며 위기의식을 드러냈다. 그리고 '앞으로 기온이 4℃ 상승하면 보험사업을 영위할 수 없다'고까지 단언했다. 보험사가 보험사업을 운영할 수 없을 것이라고 발표하는 것은 상당한 용기가 필요할 텐데, 악사는 그렇게 표명해야 할 상황에 처한 것이다. 참고로 앞에서 언급했듯이 지금 속도로 기온상승이 진행되면 지구는 4.8℃ 상승한다.

악사는 보험사업을 지속할 수 있게끔 자사의 이산화탄소 배출을 적극적으로 삭감할 뿐만 아니라 이산화탄소 배출량이 많은 석탄 사업에서 탈피하려 노력 중이다. 그러기 위해 석탄 채굴에 의존하는 자원회사와 석탄화력발전에 의존하는 전력회사의 투자를 중단하고 그런 기업에 손해보험을 제공하는 것도 금지했다. 또 다른 업종도 투자처 기업이 기후변화에서 받는 사업 리스크를 상세하게 분석해 필요하다면 그 주식이나 채권을 매각하는 체제를 확립했다.

기후변화 위험 중에서 태풍, 폭우, 홍수, 산사태, 가뭄, 산불, 폭염, 한파 등 비정상적인 날씨와 자연재해로 인한 손해 위험성을 전문가는 '물리적 위험'이라고 부른다. 대형 기관투자자는 지금 각 투자기업이 어느 정도 물리적 위험에 노출되어 있는지 관심을 기울이고 있다. 그러나 그 위험량을 분석하려면 투자기업에 관한 상세한 데이터가 필요하다.

이런 이유로 채권의 신용등급을 매기는 글로벌 신용평가사 무디스와 S&P는 기업매수와 사업개발을 통해 사내에 전문 부서를 구축해 물리적 위험성을 정량화하는 서비스를 제공하게 되었다. 투자 리서치 회사인 MSCI도 전문기업을 매수하여 산하에 물리적 위험성 분석 부문을 갖추었다.

예를 들면 무디스가 매수한 물리적 위험 평가기업에 따르면 전 세계 부동산기업 중 가장 물리적 리스크가 높은 것은 홍콩의 산훈카이이다(도표 1-8). 또 일본의 대형부동산이 그 뒤를 잇고 있다. 이미 세계의 대형 기관투자자는 그 자료를 구매해 투자분석에 활용하고 있다. 물론 부동산기업은 제 나름의 반론을 하겠지만 확실하게 말할 수 있는 것은 일본 기업도 기후변화 위험성을 진지하게 생각해야 하는 시대에 들어섰다는 점이다.

스위스 바젤에는 국제결제은행(BIS)이라는 국제기구가 있다. 각국의 중앙은행 간 자금결제를 시행하는 '중앙은행의 은행' 역할을 하며, 국제적인 금융감독과 금융 시스템 안정화를 주도적으로 이끌고 있다. BIS

1-8 부동산기업의 물리적 위험

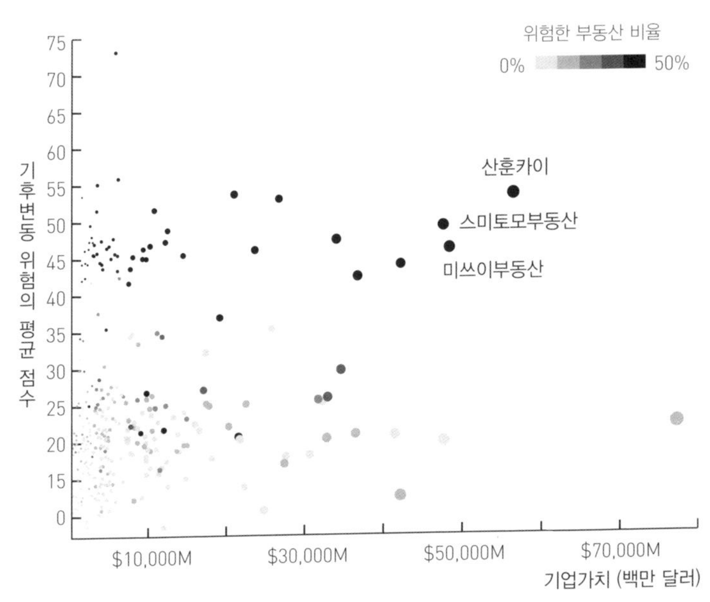

(주) 원의 크기가 규모를 나타냄
출처: Four Twenty Seven 'Climate Risk, Real Estate, and the Bottom Line' 2018년
접속일: 2020년 5월 3일
https://427mt.com/2018/10/11/climate-risk-real-estate-investment-trusts/

가 2020년 2월, '그린스완(Green Swan)'이라는 보고서를 발표했다.[9]

금융업계에서는 평소에는 일어날 수 없지만 만에 하나 발생하면 파괴적인 손상을 주는 리스크를 블랙스완(Black Swan)이라고 부르며 이

9 BIS "The green swan" (2020)

용어는 리먼 브러더스 사태(투자 은행 리먼 브러더스가 모기지 부실로 2008년 파산해 금융 위기가 전 세계로 퍼졌다. - 옮긴이)가 발생했을 때 빈번하게 쓰였다. BIS는 이제 기후변화가 다음에 올 블랙스완이 될 것이라고 경계하며 '환경'이라는 의미를 담아 '그린스완'이라는 이름을 붙였다.

그 보고서에 따르면, 그린스완은 블랙스완과는 비교가 되지 않을 정도로 대책을 강구하기 어려우며 과거의 경험에 의존하지 않고 완전히 새로운 리스크 대책이 필요하다. BIS는 지금 기후변화에 주목해야 한다고 전 세계 금융당국과 금융기관에 경종을 울리고 있다.

대책을 강구하기 시작한 대기업

지나치게 수준이 낮은 자체 목표

기후변화가 심각한 경제적 손실을 입힐 것으로 예측한다면 정부도 어떤 대책을 강구할 것이다. 그런 이유로 제5차 평가보고서가 발표된 이듬해 2015년, 190개국 이상의 정부가 파리협정이라는 국제조약에 합의했다. 기온상승을 산업혁명 이전부터 2℃ 미만, 가능하면 1.5℃ 미만으로 억제한다는 국제 목표를 정했다. 파리협정은 그 국제 목표를 달성하기 위해 각국이 자발적으로 삭감 목표를 정하고 유엔에 제출할 의무가 있다. 이미 일본을 비롯한 여러 나라가 자체 목표를 제출했다.

유엔의 발표에 따르면 각국이 자체 목표를 설정해도 목표치가 너무 낮아 기온상승을 2℃ 미만으로 억제할 수 없으며 3.2℃나 상승한다고 한다. 이대로 가면 파리협정에서 정한 '2℃ 미만'이라는 국제 목표를 달성할 수 없다. 이렇게 힘겨운 상황에서 IPCC(기후변화에 관한 정부 간 협의체)는 2018년, 기온상승을 2℃가 아닌 1.5℃로 억제했을 경우 영향 저감도와 그것을 달성하기 위한 방법을 정리한 『1.5도 특별 보고서』를 발표했다. 그 보고서에는 2℃가 아닌 1.5℃로 기온상승폭을 제한하면 사회적인 타격을 상당히 축소할 수 있다고 쓰여 있다. 그러자 악영향을 줄이기 위해 유럽과 섬나라 정부, 선진 글로벌 기업, 운용 자산액이 큰 기관투자자들이 기온상승을 1.5℃로 억제하려는 움직임을 보이고 있다. 최종목표를 2℃에서 1.5℃로 0.5℃만큼 끌어올리겠다는 말이다.

그렇다면 기온상승을 1.5℃까지 억제하려면 어느 정도 이산화탄소 배출량을 삭감해야 할까? 현재 인간사회는 연간 약 4백억 톤의 이산화탄소를 배출한다. 그것을 2050년까지 0으로 만들어야 한다. 게다가 2050년 이후에는 이산화탄소를 대량으로 흡수하기까지 해야 한다. 그러기 위해서는 산림을 늘리거나 대기 중의 이산화탄소를 땅속에 묻는 기술을 개발해야 한다.

이런 계획을 실행할 수 없다면 1.5℃ 목표는 달성할 수 없으며 결과적으로 앞에서 소개한 재난과 손실들이 발생할 것이다. 또한 삭감 시점이 늦어지면(이것을 오버슈트(overshoot)라고 한다.) 그만큼 2050년 이후에 흡수해야 할 양이 증가한다. 그러므로 현실적으로 얼마나 흡수할 수 있을지 불안감을 느낀 유엔은 조금이라도 빨리 본격적으로 탄소 배출량을 삭감해야 한다고 강조한다.

기후변화를 1.5℃로 억제해야 하지만 각국 정부가 제출한 삭감 목표를 다 합쳐도 기온은 3.2℃나 상승하게 된다. 이 간극을 메우기 위해 유엔은 각국 정부에 목표치를 올리라고 요구하고 있다. 그런 요청에 응하는 나라가 어디 있겠냐고 생각하겠지만 이미 약 70개국이 한 차례 유엔에 제출한 목표를 재검토하고 목표치를 올리겠다고 선언했다.[10] 이는 사태가 그만큼 심각하다는 방증이다.

파리협정은 5년마다 목표를 검토하고 재제출을 의무화하고 있으므로 이를 검토하는 것은 2020년이 처음이다. 일본에서는 환경성이 목표치를 상향 조정하는 방안을 검토했지만, 국내 산업계의 거센 반발로 결국 상향 조정하지 않기로 했다.

4~8℃가 상승하는 지역도 있다

그런데 여기서 등장한 2℃나 1.5℃라는 수치는 어디까지나 세계 평균을 나타낸다. 실제로는 지역마다 기온이 다르게 오른다. IPCC의 『1.5℃ 특별 보고서』에 따르면 육지에서는 기온상승이 크고 바다에서는 상승이 완만하다(도표 1-9, 권말부록 275쪽 컬러 그림 확인).

기온이 상대적으로 가파르게 상승하는 곳은 북극권, 남극권, 히말라야산맥지대, 사우디아라비아로 4~8℃까지 상승한다. 그로 인해 한랭 지역은 빙하가 녹아 해수면이 상승하는 문제에 직면할 것이다. 반대로

---

10 Gobierno de Chile "Climate Ambition Alliance: Nations push to upscale action by 2020 and achieve net zero CO_2 emissions by 2050" (2019)

1-9 세계의 평균기온이 2℃ 올라갈 때 각 지역의 기온 변화

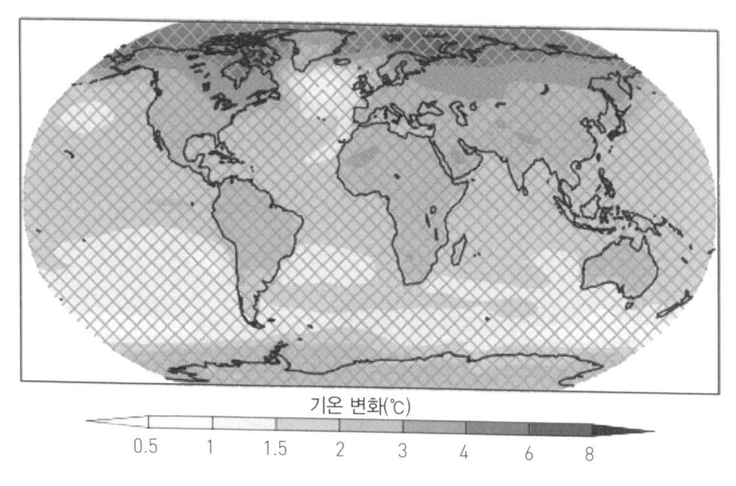

출처: IPCC 『1.5℃ Special Report』를 근거로 저자가 번역함
※ 권말부록 275쪽에서 컬러 그림으로 확인할 수 있다.

남태평양은 1℃ 미만에 그친다고 한다. 프랑스, 스페인, 이탈리아, 동유럽 주위의 경우 4~6℃, 일본 내륙부는 2~4℃ 상승할 전망이다. 다시 말해 지구 전체가 2℃ 상승할 때 이들 지역의 온도는 2℃ 이상 상승할 것이다.

소극적인 정부의 태도에 위기감을 느끼는 기관투자자

한편 정부보다 더욱 위기감을 느끼는 것은 기관투자자다. 기관투자자는 가입자들이 맡긴 연금자산이나 보험자산을 유지하고 운용수익률

을 높여야 하는데 기후변화가 경제시스템과 금융시스템을 파괴한다면 그 임무를 수행할 수 없기 때문이다. 기관투자자는 지금 거대한 업계 그룹을 조성해 주요국 정부에 이산화탄소 배출량 삭감 목표치를 올리고 규제를 강화하라고 요구하고 있다.

이런 흐름은 일본도 예외가 아니다. 2020년 2월에는 기관투자자 631개 단체가 아베 신조 (安倍晋三) 수상에게 2030년까지의 삭감목표를 올리고 2050년에는 이산화탄소 배출량을 0으로 하도록 요구하는 공동성명을 냈다.[11] 이때 모인 기관투자자들의 운용자산은 총 4천조 엔에 달했다.

기관투자자가 기후변화 대응책을 압박하고 정부가 규제를 강화하면 당연히 선제적으로 기후변화 대책을 추진해 경쟁에서 유리한 위치를 차지하려는 기업이 나오기 마련이다. 특히 배출량이 많은 업계에서는 커다란 파도가 밀려오고 있다. IPCC의 제1차 평가보고서에서 나온 전 세계의 업종별 이산화탄소 배출량은 전력·에너지 업계가 25%, 농림업이 24%, 공업이 21%, 교통과 운송업이 14%, 부동산업이 6%, 기타가 10%를 차지한다. 따라서 배출비율이 높은 전력·에너지 업종에 근본적인 구조 전환이 일어나고 있다.

---

11 IIGCC "International investor group letter on Japan's NDC" (2020)

화석연료에 미래는 있는가

에너지 산업에서 이산화탄소는 화석연료라고 부르는 석탄, 석유, 가스 분야에서 배출된다. 석유는 자동차, 선박, 항공기 연료로, 가스는 가정에서도 사용되는데, 3가지 화석연료 중 석탄이 세계에서 발전 연료로 가장 많이 이용된다. 일본도 2018년 전체 발전량에서 석탄화력발전이 차지하는 비중은 31.6%로 가스화력 발전 38.3%의 뒤를 이었다. 석탄은 에너지당 이산화탄소 배출이 3가지 중 가장 많다. 그런 이유로 이산화탄소를 줄이기 위해 석탄화력발전을 중단하고 태양광과 풍력, 지열 등의 재생에너지로 전환하는 대책이 자연스럽게 나오게 되었다.

석탄화력발전의 미래에 대해 '앞으로도 개발도상국이 성장함에 따라 전력 수요도 계속 증가할 것이기 때문에 세계적으로 석탄화력발전 수요는 없어지지 않는다'고 생각하는 사람도 있다. 실제로 일본 정부는 여전히 그런 생각을 고수하고 있다. 그러나 유엔이나 기관투자자들은 석탄화력발전은 환경과 정치적 위험으로 인해 '가동 불능 상태가 될 것'이라고 인식한다.

미국의 경우, 2016년에 정권을 잡은 트럼프 대통령이 국내 고용 활성화를 위해 '석탄 추진 정책'을 내걸었다. 하지만 실상을 보면 전력회사가 자발적으로 석탄화력발전을 줄여 나감으로써 트럼프 정권 기간 중 석탄화력발전의 비율은 일관되게 감소했다.

그렇다면 석탄보다 이산화탄소를 적게 배출하는 석유와 천연가스는 어떨까? 석탄보다는 '나은 연료'인 것은 틀림없지만 파리협정의 목표를 달성하려면 석탄과 마찬가지로 2050년까지 소비량을 0으로 만들어야 한다. 세계은행은 개발도상국의 경제 성장이 목적인 국책 프로젝트에 대출해 주는데, 석탄과 가스 자원 개발 사업에는 대출을 해 주지 않겠다는 방침을 정했다. 또 해외의 대형은행과 기관투자자들도 화석연료 관련 프로젝트에 투자와 대출을 자제하는 움직임을 보인다. 10년 전만 해도 정유·가스 업계는 선망의 대상이었지만 지금은 분위기가 완전히 달라졌다.

원자력발전에 대한 전망도 어둡다. 물론 원자력은 이산화탄소를 배출하지 않기 때문에 기후변화에 도움을 준다. 그러나 일본의 동일본 대지진에서 사고의 위험성이 확실히 드러나면서 해외에서는 원자력발전에 대한 시각이 완전히 달라졌다. 유엔과 기관투자자들 사이에서도 원전을 대량으로 건설할 수 있다고 생각하는 분위기가 줄어들었고, 제5차 평가보고서도 원전 비중은 '유지'라고 진단했다.

'재생에너지 100%'로 가는 길

이런 배경에서 기업들도 구매 전력을 전부 재생에너지 전력으로 전환하려는 움직임이 보인다. 특히 전력을 100% 재생에너지로 조달하겠다고 선언하는 'RE100'이라는 단체에 가입하는 움직임이 유명하다. 애플, 구글, 페이스북, 마이크로소프트, SAP, BMW, GM, 나이키, 버버리,

랄프로렌, 월마트, P&G, 유니레버, 록시땅, 네슬레, 다농, 글로벌 식품기업 마즈(Mars), 존슨앤존슨, 레고, 3M, HP, 델, 필립스, 골드만삭스, 모건스탠리, 뱅크오브아메리카, 시티그룹, 악사, 취리히보험, 세일즈포스닷컴 등 세계적으로 유명한 글로벌 기업이 다수 가입했다.

일본 기업 중에는 소니, 파나소닉, 이온, 다이이치생명 등이 가입했다. 기업은 가입 시 '재생에너지 100%'를 달성하는 목표 시기를 제시해야 하는데, 가입된 약 250사(2020년 5월 시점) 중 75%가 2028년까지 100% 재생에너지로 전환할 예정이다.

참고로 RE100은 영국 런던의 다국적 비영리기업 더 클라이밋 그룹이 2014년 발족했다. 이 단체에 가입하려면 골드회원의 경우 1만 5,000달러(1,670만 원 상당 - 옮긴이)의 연회비를 내야 한다. 하지만 기업은 재생에너지로 전환 정책을 적극적으로 추진하겠다는 자세를 전력업계, 투자자, 정부에 보임으로써 재생에너지 전환과 투자확대를 기대할 수 있다. 그러기 위해 RE100이라는 브랜드를 활용하는 셈이다.

이 같은 추세는 더 클라이밋 그룹의 전략이 효과를 보였다고 할 수 있다. 더 클라이밋 그룹은 대기업의 브랜드화에 이를 활용할 수 있게 하면 RE100에 가입하는 기업이 자연스럽게 늘어날 것으로 보았다. 브랜드 효과를 최대화하기 위해 RE100은 대기업만 가입을 허용한다. 과거 대기업과 대립 양상을 보이던 환경 NGO는 이제 대기업이 자발적으로 다가와 돈을 내는 존재가 되었다. 세상이 확 바뀌었음을 보여 주는 또 다른 현상이다.

기존 에너지보다 저렴한 발전 비용

전력을 재생에너지로 전환하면 전기요금이 오르지 않을까? 그렇게 생각하는 사람들도 있겠지만 재생에너지의 발전비용은 기술혁신으로 대폭 줄어들었고 일부 국가들은 이미 더 저렴하다. 호주 정부가 발표한 미래 예측에 따르면 재생에너지 발전비용은 향후 더욱 감소해 화력발전보다 저렴해질 것이다(도표 1-10).

1-10 미래의 주요 전력비용 예측

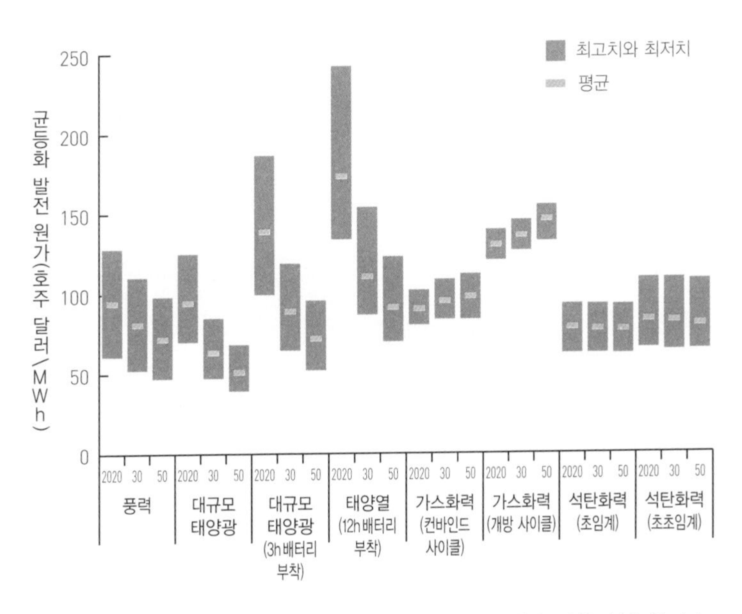

출처: 호주 정부 『Independent Review into the Future Security of the National Electricity Market - Blueprint for the Future』 (2017년)를 근거로 저자가 작성함

예를 들면 고효율 석탄화력발전이라 부르는 '초초임계(Ultra Super-Critical) 석탄화력'이나 '초임계 석탄화력'은 1메가와트시(MWh)당 75~80 호주 달러 수준이다. 한편 풍력발전은 2050년에는 70호주 달러, 태양광발전은 49호주 달러까지 떨어진다. 태양광발전은 흐리거나 비가 오는 시간대에는 발전을 할 수 없으므로 전기를 모아 두는 배터리를 병설하는 발전소도 늘어나고 있다. 배터리가 부착된 태양광발전도 석탄화력발전소보다 저렴한 69호주 달러 수준이다. 이 통계를 발표한 호주는 세계적인 석탄수출국이다. 그런 나라에서조차 석탄화력보다 재생에너지를 만드는 비용이 더 저렴해진다는 발표는 세계에 충격을 주었다.

2050년의 에너지 구성

경제와 사회에 미치는 부정적인 영향을 줄이기 위해 재생에너지로 전환하면서 휘발유·경유 차가 전기 자동차(EV)와 연료전지차(FCV)로 전환되면 최종적으로 2050년에는 어떠한 에너지 구성이 될까? 세계 160개국이 가입한 국제기구의 국제재생에너지기구(IRENA)는 석유와 가스에 의존하는 중동과 북아프리카를 제외하고 수력발전을 포함한 재생에너지가 80% 이상에 이를 것으로 추산한다(도표 1-11).

전기뿐 아니라 자동차, 항공기 등 운송장비의 연료도 더한 총 에너지를 일컫는 '1차 에너지 공급량'은 2050년까지 70%가 재생에너지가 될 것이라고 한다.

1-11 파리협정 목표달성 시의 2050년 에너지 구성 예측(%)

	발전량을 차지하는 재생에너지 비율			1차 에너지 공급량을 차지하는 재생에너지 비율		
	2017	2030	2050	2017	2030	2050
동아시아	23	60	90	7	27	65
동남아시아	20	53	85	13	41	75
기타 아시아	18	52	81	8	27	58
북미	23	60	85	10	30	67
중남미	65	85	93	30	53	73
EU	31	55	86	15	39	71
기타 유럽	27	42	82	6	19	54
오세아니아	25	66	93	10	39	85
중동 · 북아프리카	3	27	53	1	9	26
사하라 이남 · 아프리카	26	67	95	7	43	89

출처: IRENA (2020년)를 근거로 저자가 작성함

한편, 일본 정부와 산업계는 재생에너지 전환을 추진하지 않고 일본의 중공업체가 잘하는 화력발전 기술을 계속 사용하면서 거기서 배출되는 이산화탄소를 회수하는 신기술을 개발하고 있다.

이 기술을 완성해 저렴한 가격에 도입할 수 있다면 화력발전으로도 이산화탄소를 배출하지 않을 수 있다. 하지만 대단히 정밀한 기술이므로 언제 실용화될지 알 수 없는 상태다. 특히 이를 저렴한 가격에 도입해야 하는 경제성을 충족시키기가 쉽지 않다. 일부 유엔과 기관투자자들은 탄소 포집과 저장(CCS; Carbon Capture and Storage) 기술을 대규

모로 도입하는 것은 불가능하다고 생각한다. 일본은 CCS 기술의 가능성을 국제사회에 입증하지 못하면 아무런 조치도 취하지 않은 것으로 간주되는 막다른 골목에 몰려 있다.

수소에너지는 '클린'한가

일본이 일찍부터 표방해 온 수소에너지에도 기관투자자들의 관심이 쏠리고 있다. 수소에너지는 연소해도 화학반응이 일어나 물이 되기 때문에 이산화탄소를 배출하지 않는다. 그래서 클린(Clean)한 기술로 연료전지차(FCV)의 에너지원이나 수소를 연소해 발전하는 '수소발전'에 활용할 수 있다고 기대된다.

수소에너지는 연료전지라는 형태로 이미 실용화되었다. 예를 들면 도요타자동차는 2014년 연료전지 자동차인 미라이(MIRAI), 2018년에는 연료전지 버스 소라(SORA)를 출시했다. 중국에서도 연료전지 버스가 이미 시내버스에 투입되었다. 지금 가장 대규모로 수소 버스를 운행하는 곳은 미국 캘리포니아주다.

하지만 현시점에서 수소에너지는 '클린'한 에너지로 규정되지 않는다. 현재 쓰이는 수소는 가스나 석탄에 포함된 수소원자를 화학반응시켜 추출하며 제조공정 중에 대량의 이산화탄소가 발생하기 때문이다.

그 때문에 수소에너지를 '클린' 에너지로 활용하려면 현재 기법에 CCS 기술을 탑재해 제조 중에 배출되는 이산화탄소를 회수하거나 물의 전기분해로 수소를 추출하는 등 전혀 다른 제조법으로 전환해야 한다.

후자의 경우, 화력으로 전기분해용 전력을 생산하면 역시 이산화탄소가 발생하므로 재생에너지나 원자력으로 전기를 생산하는 것이 필수이다. 이런 방법들로 생산된 수소는 'CO_2 프리 수소'로 평가된다. 최근에는 화석연료에서 추출된 기존의 수소를 '그레이 수소', CCS 활용방식으로 만든 수소를 '블루 수소', 재생에너지 물 전해(電解) 방식으로 만든 수소를 '그린 수소'라고 부르기도 한다.

IRENA는 향후 재생에너지의 발전비용이 절감되면서 재생에너지 전력을 이용한 물 전해 방식의 수소제조 비용이 더욱 저렴해질 것으로 예상한다(도표 1-12). 일본은 정부와 산업계가 연계해 CCS 방식을 이용한 블루 수소 프로젝트에 시동을 걸고 있다. 하지만 CCS 기술은 아직 확립했다고 말하기 어려운 시점이므로 그 규모를 빠르게 확장하기 힘들다.

반면 중국과 유럽 등지에는 물 전해 방식으로 수소를 생산하는 공장을 건설하고 있으며 그 생산량은 일본의 사업 규모를 훨씬 능가할 것으로 예상된다. 일본도 정부 주도하에 후쿠시마현에 태양광발전을 이용한 물 전해 방식의 수소제조 공장이 2020년에 완성되는데 그들을 얼마나 따라잡을 수 있을지 관심을 모으고 있다.

재생에너지와 전기자동차(EV)가 발전하면 태양광발전 패널, 풍력발전 터빈, 축전배터리 폐기 문제도 고려해야 한다. 각 제품에는 수명이 있으므로 재활용할 수 없으면 산업폐기물이 늘어날 것이다. 또 재활용할 수 없으면 재료로 사용하는 자원채굴량을 늘려야 하므로 이번에는

1-12 미래의 수소제조 비용 예측

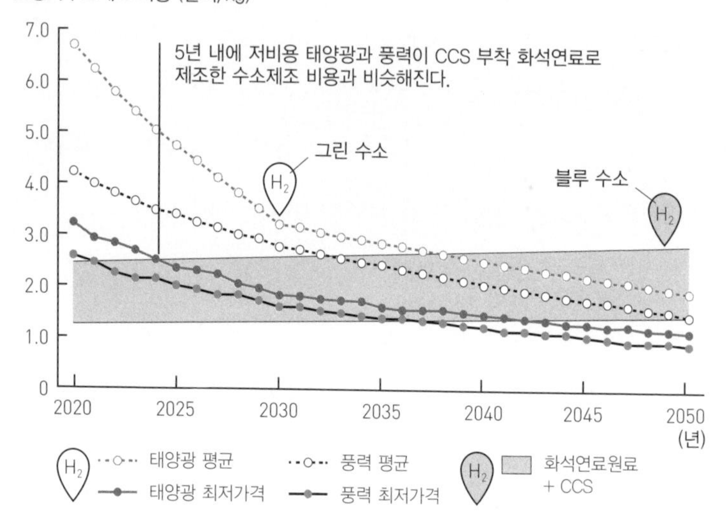

출처: IRENA 『Global Renewables Outlook: Energy transformation 2050』 (2020년)을 근거로 저자가 번역함

그것이 자연을 파괴하는 원인이 된다. 그런 문제를 해결하기 위해 글로벌 기업들은 각 부품을 재활용할 수 있도록 설계하는 기법과 재활용하기 쉬운 재료를 개발하고 있다. 이 분야에서는 대학 연구기관이나 스타트업이 글로벌 기업과 협력하는 사례도 늘어났다.

재난 위험성을 줄여서 입지 매력도를 높이다

기업은 재생에너지 전환뿐만 아니라 향후 미래에 발생할 재난에 대비해 사업장과 공장, 서버 센터를 재난 위험성이 적은 지역으로 이전하는 등 적극적으로 대책에 나서고 있다. 일본은 원래 지진 대책으로 재난 위험이 적은 지역에 데이터센터를 세워 왔는데 글로벌 기업들은 기후변화에 의한 자연재난 위험성이 적은 지역에 데이터센터를 두려고 하고 있다.

이런 재해 대책은 '사업지속계획(BCP)'이라고 불리며 신종코로나바이러스가 대유행하자 그 중요성이 재확인되었다. 정부와 지자체도 재난 대책을 중요한 정책 분야로 손꼽는다. 정부와 지자체는 산업 진흥을 위해 재난 위험을 줄여 입지 매력도를 높이겠다는 전략도 내놓았다. 이렇게 국가와 지자체도 기후변화로 인한 위험을 축소하는 것이 지역 활성화와 고용 창출, 세수 증대 면에서 긍정적인 효과를 낳는다고 인식하게 되었다.

기후변화는 전력·에너지 업계 외에도 다양한 업계에 영향을 미친다. 자세한 내용은 뒤에서 살펴보겠다.

제2장

다가오는 식량 위기의 현실

세계의 현실

이미 주요국 정부는 식량 위기 시뮬레이션을 하고 있다.

과거 50년간 식량 위기가 일어나지 않은 이유

『인구론』의 충격

"지구에 앞으로 인구가 증가해 식량 위기가 일어날 것이다."

누구나 한 번쯤 들어 본 말일 것이다. 물론 세계 인구는 인류 역사와 함께 크게 증가했다. 특히 제2차 세계대전 직후인 1950년에 30억 명도 되지 않았던 세계 인구가 지금 80억이 다 되어 가고 있다. 즉 세계 인구는 불과 60년 만에 2배 이상 늘어났다.

인구가 증가하면 식량 위기가 일어난다. 이것을 예언한 세계에서 가장 유명한 사람은 토머스 맬서스(Thomas Malthus)라는 18세기 영국인 경제학자이다. 그는 1798년, 『인구론』이라는 책을 출간해 '인구는 기하급수적으로 증가하지만 식량 생산은 산술급수적으로 늘기 때문에 반드시 식량 위기가 일어난다'고 예언했다.

기하급수적이니 산술급수적이니 하는 말은 보통 사람들에게 친숙하지 않은 용어다. 기하급수는 증가폭이 점점 커지는 것을 말한다. 예를 들면 용돈이 매년 2배로 늘어난다고 하자. 그러면 용돈은 2년째에는 2배, 3년째에는 4배, 4년째에는 8배가 되면서 점점 증가폭이 커진다. 이것이 기하급수이다. 다른 표현으로 지수함수, 승수, 등비급수 등이 있다. 생물은 제약이 없으면 기본적으로 기하급수적으로 번식한다. 맬서스는 인구도 기하급수적으로 늘어난다고 설명했다.

반면 산술급수는 직선으로 증가한다. 용돈이 매년 100원 늘어난다고 하면 1년째는 100원, 2년째는 200원, 3년째는 300원으로 100원씩 균등하게 직선적으로 증가한다. 이것이 산술급수이다. 등차급수라고 표현하기도 한다. 맬서스는 식량은 산술급수적으로 늘어난다고 설명했다.

기하급수와 산술급수를 비교하면 기하급수의 증가 속도가 빠르다. 만약 인구가 기하급수적으로 늘고 식량은 산술급수적으로 늘어난다면 인구의 증가폭을 식량 증가폭이 따라잡지 못해 식량이 부족해질 것이다. 식량이 부족해지면 빈곤한 사람은 살아갈 수 없게 되면서 인구 증가가 멈춘다. 후세 학자는 이 악순환에 '맬서스 함정'이라고 이름 붙였다.

식량 위기는 '속임수'인가

맬서스가 식량 부족을 예언한 1798년 이후에도 인구와 식량은 둘 다 순조롭게 증가해 큰 문제 없이 시간이 흘렀다. 그러다가 맬서스의 책이 출판된 지 약 180년 뒤인 1972년에 이 예언은 다시 각광을 받게 되었다. 로마클럽이라는 민간단체가 『성장의 한계』라는 책을 출판했는데, 최신 자료를 바탕으로 산출한 결과 이제 세상은 식량이 부족해질 때가 되었다고 예측한 것이다.

그런데 로마클럽이 무엇일까? 로마클럽은 맬서스 함정이 앞으로 우리 곁에 찾아올 것이라는 위기의식을 느낀 정치가와 학자, 기업가가 1970년에 발족한 조직으로 첫 회합이 로마에서 열려 로마클럽이라는 이름이 붙었다. 로마클럽은 위기가 어느 정도 닥쳤는지 파악하기 위해 당시 매사추세츠공과대학(MIT)의 제이 포레스터 교수에게 식량 수급 예측을 의뢰했다. 그리고 포레스터 교수와 제자인 데니스 메도우즈와 도넬라 메도우즈 조수가 예측 분석을 실시해 제1회 보고서로 출판한 것이 『성장의 한계』이다. 그들은 인구, 식량 생산, 환경제약 등의 데이터를 활용해 숫자를 바탕으로 시뮬레이션 모델을 구축했다. 분석 결과, 앞으로 식량 위기가 발생한다는 결론에 도달했다.

하지만 '맬서스 함정'은 여전히 현실에 모습을 드러내지 않았다. 그로부터 40년 이상이 지난 지금도 인구 증가로 인해 식량 위기가 일어나진 않았다. 물론 일부 빈곤국은 심각한 기아 문제에 시달리고 있지만,

그것은 식량 부족이 아닌 경제적인 이유로 인한 것이다. 최근에는 과학 기술을 손에 넣은 인류사회에 식량 부족 문제는 일어나지 않을 것이라는 학설도 등장했고 맬서스 함정을 강하게 부인하는 학자도 등장했다. 그렇다면 식량 위기가 일어날 것이라는 예언은 속임수였을까?

인구 증가를 받쳐 준 식량 증산

그렇다면 실제로 자료를 보면서 확인해 보자.

맬서스의 예언은 인구 증가와 식량 부족에 관한 이야기다. 먼저 인구는 어떤 상황일까? 1961년부터 2017년까지의 56년간 세계 인구는 31억 명에서 75억 명으로 2.4배 증가했다. 그러면 식량 생산은 어떨까? 식량 생산량은 1961년부터 2017년까지 인구보다 더 많이 증가했다(도표 2-1).

인류의 상당수가 주식으로 섭취하는 쌀, 밀, 옥수수, 보리, 호밀, 메밀, 잡곡, 귀리 등의 곡물 생산량은 1961년 9억 톤에서 2017년에는 30억 톤까지 3.4배 증가했다. 채소와 과일도 1961년에는 각각 2억 톤을 생산했는데 2017년에는 채소가 11억 톤, 과일이 9억 톤으로 약 5배가 되었다. 식량이 증가하지 않으면 인구도 증가하지 못한다. 실제로 우리 인류는 대규모 식량 증산이라는 수단으로 인구 증가를 이루어 냈다.

그러면 어떻게 해서 이 정도 규모의 식량 증산을 달성할 수 있었을까? 식량 생산량을 인수분해하면 '생산면적×수확량(면적당 생산량)'으로 표시할 수 있다. 즉 농지면적이 확대되면 식량 생산량이 늘고 농법이나

2-1 인구와 농업생산량 추이 (1961~2017년)

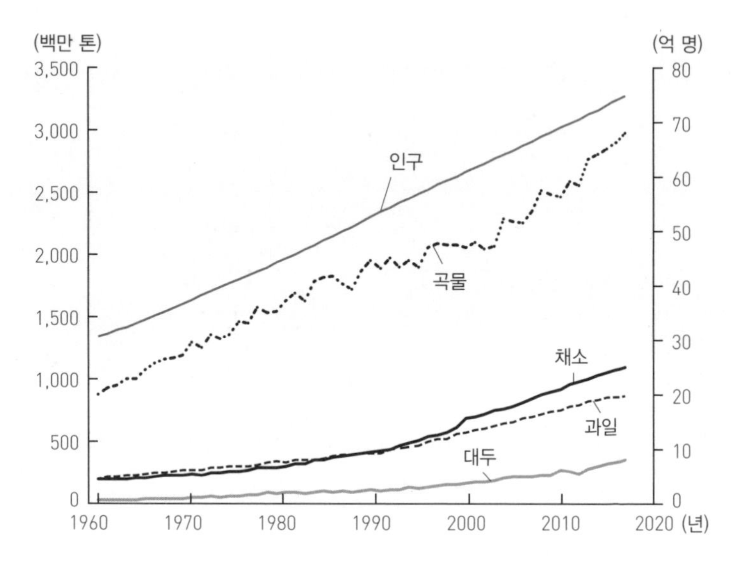

출처: 유엔 인구부와 FAO STAT를 근거로 저자가 작성함

기술을 개선해서 수확량을 늘려도 식량 생산량이 증가한다. 이 인수분해를 해 보면 곡물, 채소·과일, 대두가 크게 다른 역사를 걸어왔음을 알 수 있다.

도표 2-2는 곡물, 채소, 과일, 대두에 관해 1961년 시점의 생산량, 면적, 수확량을 100으로 하고 각각 어느 정도 증가했는지 그래프화한 것이다.

2-2 각 농업 분야의 생산량·면적·생산성 증가율(1961~2017년)

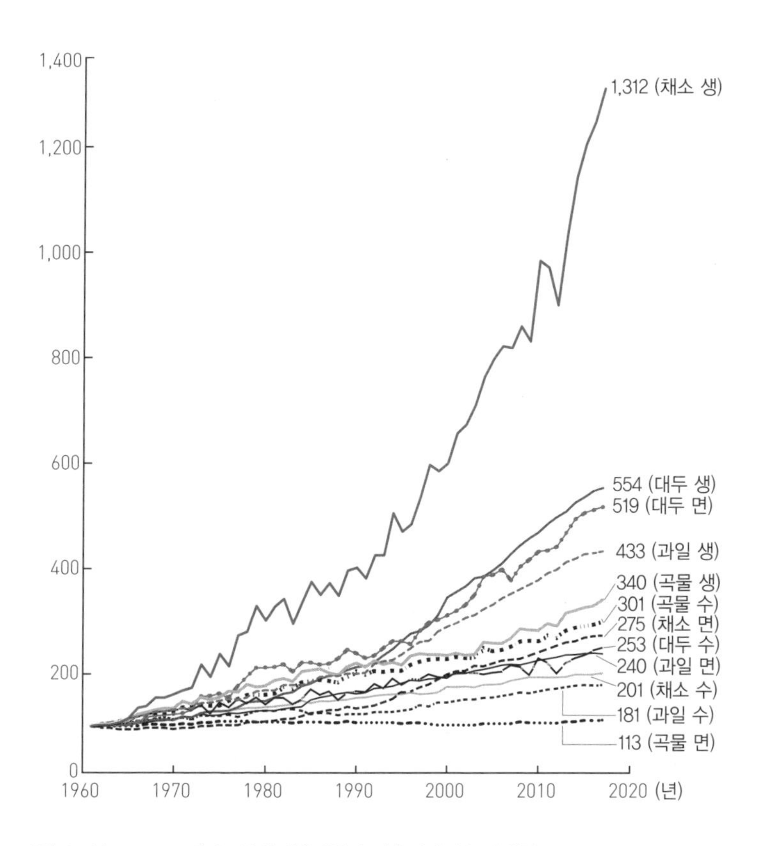

(주) 1961년 = 100으로 하여 지수화. 생은 생산량, 면은 면적, 수는 수확량
출처: FAO STAT를 근거로 저자가 작성함

곡물

많은 나라가 주식으로 삼는 곡물 생산량은 3.4배 늘었지만 농업용지 면적은 1.1배로 거의 늘지 않았다. 철도와 비행기 차창 너머로 보이는

논밭과 밀밭, 옥수수밭의 풍경은 1961년부터 세계 어디에서나 그다지 변함이 없는 면적으로 지금도 곡물을 생산하고 있다. 식료품 중에서도 주식인 곡물을 식량이라고 하는데 식량 증산이라고 하면 농경지 개간과 새로운 밭 경작을 상상할 수 있다. 하지만 제2차 세계대전 이후 곡물을 생산하기 위해 대규모 개간을 한 적은 없다.

그렇다면 곡물 생산량을 어떻게 3.4배나 증대할 수 있었을까? 그것은 비료 개발과 기계화, 품종개량과 같은 기술혁신을 통해 수확량을 늘린 덕분이었다. 인류는 기술을 이용해 수확량을 늘려서 식량 증산을 해 온 것이다. 수확량 증대만 비교하면 곡물은 3배 늘었고 채소는 2배, 과일은 1.8배 늘었다. 곡물 수확량이 크게 늘었음을 알 수 있다.

전후 농업기술혁신이 어떤 식으로 이루어졌는지 구체적으로 살펴보겠다. 예를 들면 유대계 독일인 화학자 프리츠 하버(Fritz Haber)와 독일인 화학자 칼 보슈(Carl Bosch)는 1906년, '하버-보슈법'을 개발해 비료 부문에 크게 기여했다. 식물은 질소가 있어야 성장한다. 질소는 대기 중에 풍부하게 존재하지만 식물은 토양에 함유된 질소를 뿌리를 통해서만 흡수할 수 있다. 따라서 식물의 생장 속도를 높이려면 인공적으로 토양에 있는 질소성분을 늘려야 한다. 십 년 전까지는 분뇨나 어분(비료용 생선가루 - 옮긴이), 깻묵, 술지게미에 함유된 질소성분을 밭에 뿌리거나 질소성분을 함유한 질산칼륨을 칠레에서 수입해 살포하기도 했다. 하지만 그 방법으로 비료를 생산하는 것은 한계가 있었다.

하버와 보슈는 그 한계를 극복했다. 독일의 대형화학회사 바스프

(BASF)에 근무하던 하버는 질소와 수소를 인공 합성하여 식물이 흡수할 수 있는 질소화합물을 만들면 된다는 아이디어를 생각해 냈다. 그리고 연구실에서 질소화합물인 암모니아를 싼값에 대량으로 생성하는 실험에 성공했다. 이렇게 해서 화학비료가 탄생했다. 또 바스프에서 동료인 보슈는 하버의 기술을 활용한 제조장비를 개발해 바스프는 '하버-보슈법'을 확립했다.

이 기술은 1908년에 특허를 취득했다. 1913년에는 세계 최초의 암모니아 공장이 가동하기 시작해 화학비료를 대량생산하기 시작했다. 이 공적을 높이 평가받아 하버는 1918년에 노벨화학상을 수상했다. 참고로 보슈도 다른 연구로 1931년, 노벨화학상을 수상했다.

수확량 개선은 전후에 발전한 기계화 덕분이기도 하다. 예를 들면 모내기 기계, 경운기, 트랙터와 콤바인 등 농기계가 잇달아 등장했다. 특히 미국과 유럽의 광대한 농장에서는 기계화를 통해 놀라울 정도로 수확량을 늘렸다. 일본도 1953년, 가와사키시(川崎市)에 있던 농기구제조업체 세이오샤(細王舎)가 미국의 메리 틸러(Merry Tiller)사가 개발한 저렴한 공냉 엔진을 탑재한 경운기를 판매하기 시작했다. 이 경운기는 '메리 틸러'라는 애칭으로 폭발적으로 팔렸고 농가의 필수품으로 자리 잡았다.

일본에 농업기계화를 가져온 세이오샤는 그 후 고마쓰제작소와 업무 제휴를 하여 고마쓰부품으로 사명을 변경했다. 이후 산업이 재편됨에 따라 지금은 사이타마현(埼玉県) 가와고시시(川越市)에 본사를 둔

허스크바나 제노아(Husqvarna Zenoah)가 사업을 계승하고 있다.

또한, 전쟁 후 수확량을 향상하기 위해 식물의 성장을 저해하는 풀과 벌레를 제거하는 제초제와 살충제가 많이 개발되었다. 수확량을 높이기 위해 품종을 개량하기도 했다. 수확량이 많은 신품종 투입과 화학비료를 사용한 농업은 '녹색 혁명'이라고도 불리며 1940년대부터 1960년대까지 개발도상국을 중심으로 대규모 식량 증산을 달성했다.

인공적인 기술을 이용한 녹색 혁명의 폐해를 지적하는 목소리도 있었다. '화학비료에 의존한 농업은 농가 경영을 악화시킨다', '특정 품종만 대량 생산하면 병충해에 약해진다', '비료 과다 사용으로 염해가 발생하고 있다', '농약으로 토양의 미생물이 죽어 토양의 양분이 감소했다'. 이런 비판을 반영해 유기농법(오가닉농법)을 권장하는 풍조도 있었지만 사실 녹색 혁명은 이후에도 꾸준히 추진되었다.

또한 유전자 변형 기술을 활용해 제초제에 강한 품종을 인공적으로 만드는 기법이 탄생했고 제초제와 비료를 대량으로 살포하면서 수확량을 증대하는 방법이 널리 쓰였다. 유전자 변형 기술을 비판하는 목소리도 크지만 오늘날 곡물 증산을 이룰 수 있었던 것은 이러한 인공적인 기술 덕분이라는 것을 부인할 수 없다.

채소와 과일

채소, 과일, 대두도 1961년부터 2017년까지 56년간 곡물과 마찬가지로 수확량이 크게 증가했다. 앞에서도 나왔듯이 채소가 2배, 과일은 1.8배를 기록했다. 그 배경에는 역시 비료 개발과 품종개량, 기계화가 있다.

하지만 채소와 과일은 곡물과 달리 면적도 현저하게 확대되었다. 채소는 2.8배, 과일은 2.4배 농지면적이 커졌다. 곡물의 면적이 불과 1.1배 증대한 것에 비하면 채소와 과일은 수확량 증대와 농지면적 확대라는 두 가지 수단을 병행하여 증산을 이루었음을 알 수 있다.

예를 들면 채소와 과일의 2대 생산국인 중국과 인도의 상황을 보면 엄청나게 생산면적이 확대되었음을 알 수 있다. 중국은 56년 동안 채소 생산면적이 4.8배, 과일은 무려 12배까지 확대되었다(도표 2-3). 마찬가지로 인구 대국인 인도도 채소 생산면적이 3.1배, 과일이 4.5배로 확대되었다.

농지면적을 확대한다고 해도 모든 토지를 농지로 바꿀 수 있는 것은 아니다. 예를 들면 아무것도 없는 황무지를 개척하는 것은 대단히 어려운 일이다. 황무지는 토지 개간 비용이 들 뿐만 아니라 개간해도 토지가 척박해서 우수한 농지가 되기까지 시간이 오래 걸리기 때문이다. 그러므로 농지 확대는 일반적으로 산림을 벌채하는 형태로 이루어진다. 숲은 토양에 풍부한 양분을 저장하기 때문에 태워서 농지로 만들면

2-3 중국과 인도의 채소와 과일 생산면적 추이(1961~2017년)

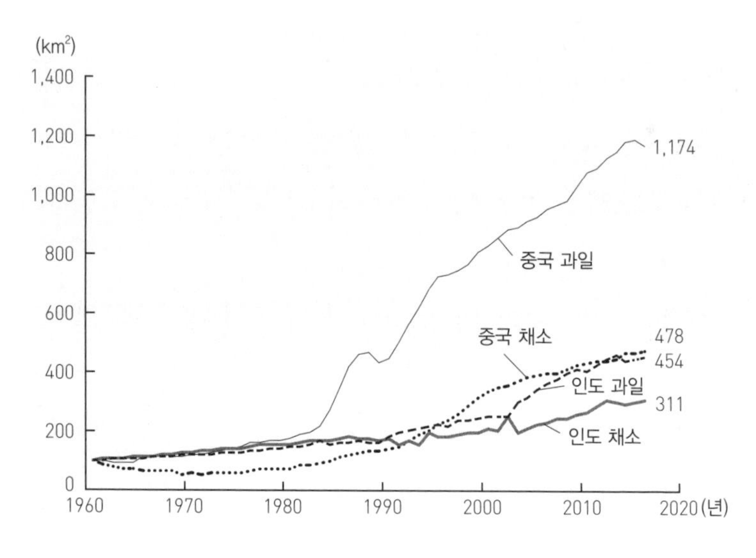

(주) 1961년 = 100으로 설정
출처: FAO STAT를 근거로 저자가 작성함

작물이 잘 자란다. 그러나 이 방법은 다음의 대두와 함께 뒤에 다룰 중대한 문제를 일으키게 된다.

대두

일본은 대두 등의 두류와 쌀이나 밀 등의 화곡류(영어로 시리얼)를 둘 다 곡물의 일종으로 취급하는 일이 많지만, 영어로는 화곡류와 두류를 다르게 취급한다. 특히 두류 중에서도 대두는 광범위한 용도로 이용해 우리 식생활에서 없어서는 안 될 존재다.

예를 들면 대두는 간장이나 된장, 두부의 원료로 쓰인다. 콩가루와 낫토도 대두가 원료이다. 두유와 콩비지도 대두로 만든다. 또 대두는 어두운 곳에서 발아하면 '콩나물'이 되고 성숙하기 전의 대두를 줄기에 붙은 채로 꼬투리째로 삶으면 풋콩이 된다. 그 밖에도 다양한 쓰임새가 있다. 식용유의 원료는 대두에서 짜낸 '대두유'로 만든다. 최근에는 대두를 가공해 고기 대용으로 먹는 '대체육'까지 탄생했다.

그러나 대두의 가장 일반적인 용도는 식용이 아니다. 무게 기준으로 보면 두부, 콩나물 등 전 세계 콩의 4%만 식용으로 쓰이고 식용콩기름의 9%를 더해도 전체의 13%에 불과하다.

그러면 나머지는 어디에 쓰일까? 바로 가축의 사료이다. 대두에서 대두유를 짜내어 남은 깻묵(이것을 '밀(meal)'이라고 한다)이 가축 사료로 쓰이는데 이것이 전체의 66%를 차지한다. 밀로 가공하지 않고 대두 상태로 사료로 하는 양도 포함하면 전체의 72%에 달한다. 그리고 바이오디젤 연료로 7% 정도 쓰인다. 이듬해 파종을 하기 위한 종자로 쓰이는 것은 고작 3%다.[1]

대두의 생산량 세계 1위는 미국이며 2위가 브라질이다. 특히 브라질은 과거 56년 동안 대두생산량을 422배나 증대해 세계에서 손꼽히는

---

1 FAO "FAOSTAT"

2-4 1961~2017년까지 대두 생산 증가

	브라질	미국
생산량	422배	6배
면적	141배	3배
수확량	3배	2배

출처: FAO STAT를 근거로 저자가 작성

대두생산국이 되었다. 생산량을 인수분해하면 농지면적이 141배, 수확량이 3배로 농지면적 확대가 경이적인 수치를 기록한다. 대두 생산 대국인 미국도 농지면적이 3배, 수확량이 2배 증가해 생산량이 6배로 증가한 것을 생각하면 브라질의 증산이 얼마나 큰지 알 수 있다(도표 2-4).

이제 알았을 것이다. 브라질과 미국에서 대량 생산된 대두는 거의 전부 식용이 아닌 사료용이다. 미국에서는 48%가 닭고기, 26%가 돼지고기, 12%가 쇠고기, 9%가 유제품, 3%가 어패류용 사료로 쓰인다.[2] 대두 생산이 과거 56년 동안 대폭 늘어난 배경에는 식생활 변화와 인구 증가로 인해 육식에 대한 수요가 늘어난 것과 크게 관계가 있다.[3]

브라질에서는 이 수요를 채우기 위해 아마존의 열대우림을 베고 농지로 전환해 급속도로 대두 생산량을 늘려 왔다. 지금 대두 생산은 브라질을 대표하는 산업으로 발전해 정치적으로도 무시하지 못할 힘을 갖게 되었다.

---

2 Cromwell "Soybean meal — an exceptional protein source" (2018)

3 UN Population Division "World Population Prospectus 2019"

식량 수요는 앞으로도 증가한다

지금까지 인류가 엄청난 식량 증산으로 과거 50년간 늘어난 인구 문제를 극복한 역사를 살펴보았다. 그러면 앞으로도 그렇게 할 수 있을까? 그것을 파악하려면 식량 수요와 공급의 동향을 살펴봐야 한다.

식량 수요는 '인구'와 '일인당 소비량의 곱'으로 나타낼 수 있다. 각각의 예측을 살펴보자.

세계의 인구 예측

미래 인구를 예측하는 대표적인 기구는 두 곳이 존재한다. 유엔사무국의 유엔 경제사회부(DESA)에 설치된 '유엔 인구부'와 오스트리아에 본부가 있는 국제적인 과학연구기관 '국제 응용 시스템 분석 연구소(IIASA)'다.

유엔 인구부는 현재 75억 명에서 2050년 97억 명으로 인구가 늘어난다고 예측한다(도표 2-5). 좀 더 구체적으로는 80%의 확률로 95억 명에서 100억 명 사이로 폭넓게 예상하고 있다. 유엔 인구부의 예측은 과거의 데이터를 근거로 통계 모델을 작성해 그것을 미래에 투영하는 비교적 단순한 기법을 채택하고 있다. 그래서 과거의 추세가 예측에 쉽게 반영된다.

한편 IIASA는 통계 모델뿐 아니라 각 지역의 전문가 수백 명의 의견을 듣고 출생률 변화와 분쟁 등 폭넓은 변수를 고려하는 복잡한 기법을 이용한다. 덧붙여 사회 정세 등에 관해 다른 5가지 시나리오를 설정해 시나리오별로 인구를 예측한다. IIASA가 적용한 5가지 예측을 평균하면 세계 인구는 2050년에 91억 명이 된다[4](도표 2-6). 유엔 인구부의 예측보다는 적지만 그래도 두 기관의 예측 결과는 상당히 유사하다.

어느 쪽의 예상이 맞건 간에, 유엔 인구부와 IIASA는 둘 다 향후 지금보다 15억 명에서 20억 명이 증가한다고 내다본다. 일본은 이미 출산율 저하에 따라 인구감소가 진행되고 있는데 세계적으로는 인구가 증가할 확률이 훨씬 높다.

그러면 유엔 인구부와 IIASA의 예측 정확도에 대해서도 살펴보자. 지금으로부터 약 20년 전인 1996년, 두 기관 모두 2020년의 인구를

---

4 IIASA "SSP Public Database Version 2.0" (2019)

2-5 유엔 인구부에 따른 미래 예측

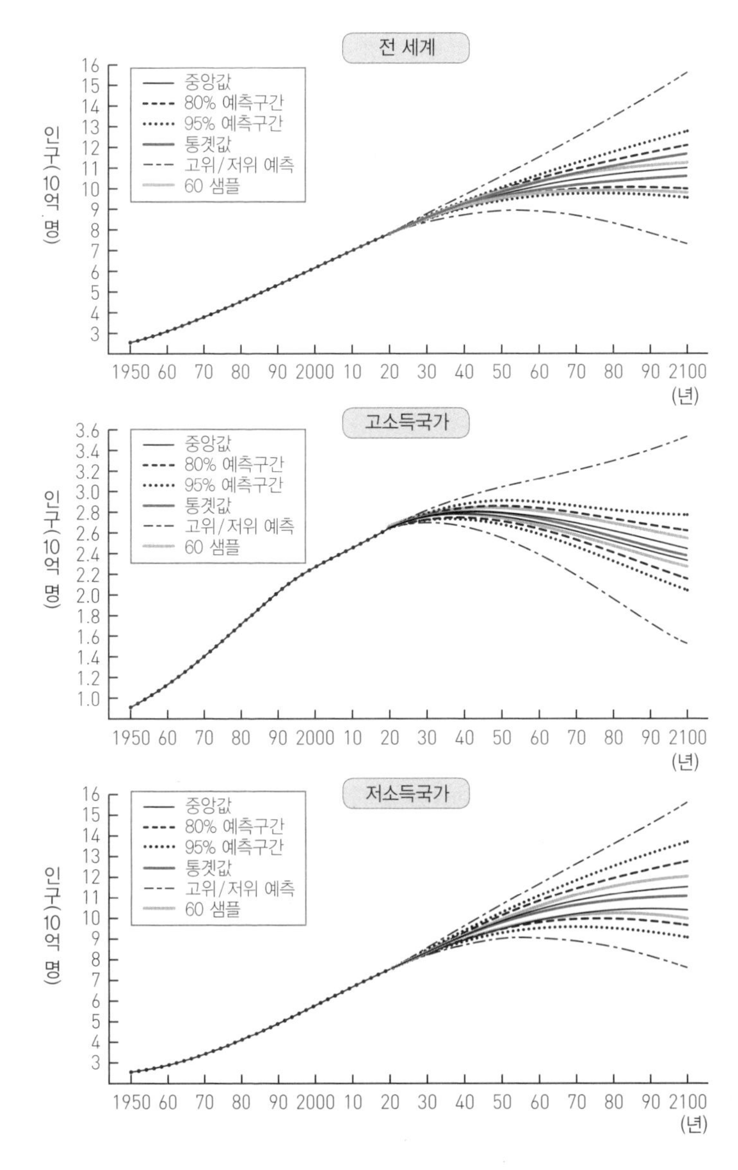

출처: 유엔 인구부 (2019년)

2-6 IIASA의 인구 예측

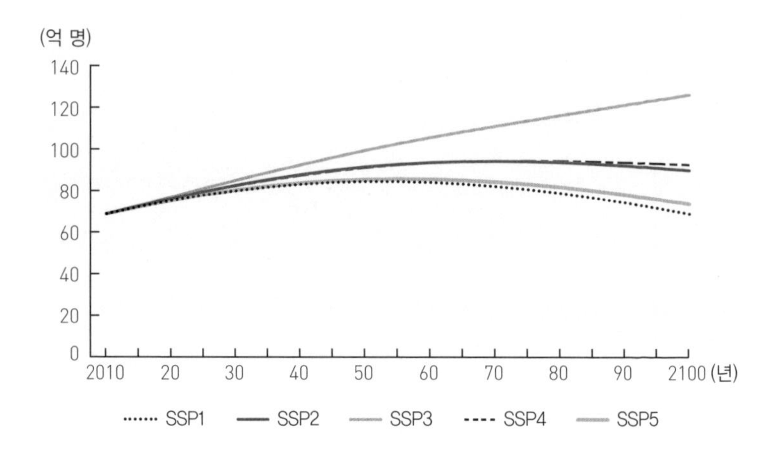

출처: IIASA (2019년)

예측했다. 유엔 인구부는 77억 명, IIASA는 80억 명을 예상했다. 참고로 2019년의 인구는 77억 명을 넘었으니 양쪽 다 상당히 정확한 편이다.

2050년까지 전 세계의 인구는 증가할 것으로 추정하지만 당연히 지역별 인구 증가 정도는 크게 차이가 난다. 선진국(고소득국가)과 개발도상국(저소득국가)을 비교하자면 선진국은 2030년부터 2040년 사이에 정점을 찍고 그 후 급속히 감소할 것이다. 출산율 저하 때문이다.

사회의 도시화가 진행되면 사람들은 자발적으로 아이를 갖지 않거나 일인당 출산횟수가 줄어들어 인구감소 추세를 보이기 시작한다. 물론, 미래의 인구 예측은 의료와 질병 예방 대책의 발달로 인한 기대 수명 연장도 고려한다. 즉 고령자가 오래 살게 되어 인구감소가 늦어지지만 선진국 전체에서는 2030년부터 2040년 사이에 인구가 정점을 맞는다. 그만큼 출산율이 급속히 저하된다는 뜻이다. 참고로 선진국 가운데 가장 먼저 인구감소가 시작된 것은 일본이며 2005년부터였다.

개발도상국은 2100년경에나 정점을 찍을 것으로 보이며 선진국 평균에 비하면 60년 이상 늦다. 매년 증가 속도가 둔화하고 있지만 전체 인구는 2100년경까지 계속 증가할 것이다. 개발도상국 중 신흥국이라고 불리는 비교적 소득이 높은 나라에서는 이미 각 가정의 출생 수를 계획하고 통제하는 가족계획 정책이 일반화되어 인구 증가율이 완만해지고 있다. 하지만 후발주자인 개발도상국은 가정의 일손 확보 측면도 있으므로 당분간 높은 출산율을 유지할 것이다.

일인당 식량 소비량

식량 수요를 인수분해한 또 하나의 요소인 '일인당 소비량'[5]도 향후 크게 증가할 것이다. 특히 개발도상국의 식생활 변화가 중요한 요인으로 작용한다. 개발도상국에서는 경제가 발전하면서 곡물과 채소 중심인 식생활에서 육식을 즐기는 스타일로 변화하는 경향이 보인다. 예를 들면 채소 중심인 식생활을 하던 중국도 과거 50년 동안 일인당 육류

---

5 식량 소비량은 칼로리 환산되는 경우가 많지만, 이번에는 영양이 아닌 식량 생산량을 다루고 있으므로 중량으로 계산했다.

2-7 중국·인도·일본의 식생활 변화

단위(g)	중국			인도			일본		
	1961년	2011년	변화	1961년	2011년	변화	1961년	2011년	변화
곡물	246	418	1.7배	378	416	1.1 배	364	286	0.8 배
채소·과일	537	1,335	2.5배	199	450	2.3 배	549	501	0.9 배
고기·어패류	20	254	12.7배	17	29	1.7 배	161	288	1.8 배
유제품·달걀	13	142	10.9배	108	235	2.2 배	96	251	2.6 배
설탕·기름	21	60	2.9배	108	129	1.2 배	85	145	1.7 배
기타	35	159	4.5배	68	58	0.9 배	100	151	1.5 배
합계	872	2,368	2.7배	878	1,317	1.5 배	1,355	1,622	1.2 배

출처: FAO STAT를 내셔널 지오그래픽이 집계. 변화율은 저자가 산출함

소비량이 12.7배, 유제품과 달걀 소비량이 10.9배로 증가했다(도표 2-7).

위와 같은 변화는 2차 세계대전 이후의 일본도 경험했다. 1961년과 2011년의 일인당 소비량을 비교하면 밀(빵, 파스타, 우동, 라면, 양과자, 오코노미야키, 다코야키, 다이야키 등)의 소비는 증가했지만 쌀 소비는 대폭 감소했으므로 곡물 전체의 일인당 소비량은 20% 감소했다. 한편 고기와 어패류를 보면 어패류의 소비량은 거의 비슷했지만 고기 소비가 급증해 전체의 1.8배나 되었다. 유제품과 달걀도 2.6배로 뛰었다. 설탕과 기름 소비는 디저트 문화가 확산되면서 1.7배 늘었다.

중국, 인도, 일본의 데이터를 들여다보면 특히 경제가 성장하면서 '고기·어패류', '유제품·달걀'과 같은 동물성 단백질과 '설탕·기름'의 소비량이 눈에 띄게 늘었다. 일본에서도, 중국에서도 2차대전 후의 경제 성장으로 인해 '고기·어패류', '유제품·달걀' 소비량이 크게 증가했다. 특

히 원래 소비량이 적었던 중국은 급상승 중이다.

인도에서는 종교상의 이유도 한몫해 '고기·어패류'는 다른 지역과 비교해서 그다지 늘지 않았지만 그 대신 '유제품·달걀'이 2.2배로 늘었다. 여기서는 3개국만 비교했지만 경제 성장은 동물성 단백질과 설탕·기름 소비량을 증가시킨다는 것을 알 수 있다.

세계에는 이제부터 경제 성장을 할 개발도상국이 여전히 많다. 그리고 개발도상국에서는 식생활의 동물성 단백질화와 함께 인구 자체도 급증할 것이다. 즉 향후 중국과 인도가 경험한 동물성 단백질의 수요 증가가 개발도상국에서 대규모로 발생할 것으로 예상된다.

유엔식량농업기구(FAO)의 예상[6]에 따르면 2005년경과 비교해 2050년까지 고기 소비량은 개발도상국에서 2.8배, 선진국을 포함한 전 세계에서도 1.7배로 증가한다. 그래도 만약 지금까지 했던 것처럼 세계의 식량을 지속적으로 늘릴 수 있다면 우리는 '맬서스의 함정'에서 달아날 수 있을 것이다. 과연 그게 가능할까?

---

6 FAO "World Agriculture Towards 2030/2050, the 2012 revision" (2012)

식량난을 가정한 국제 시뮬레이션 회의

'아랍의 봄'이라는 위기

2015년 11월, 미국 워싱턴DC에 있는 국제환경 NGO 세계자연보호기금(WWF) 본부에서 미래의 식량정책에 영향을 미치는 중요한 비공식 회합 '푸드 체인 리액션(Food Chain Reaction)'이 개최되었다. 미국, EU, 브라질, 중국, 인도, 아프리카, 국제기구에서 온 정부 관계자, 기업, 투자자, NGO 65명이 그 자리에 모였다. 그리고 이틀 동안 미래의 식량 위기에 관한 회의를 했다. 주요 화두는 2020년대의 식량 위기였다. 65명은 6개국과 지역, '국제기구', '기업과 투자자'의 8개 팀으로 나뉘어 앞으로 일어날 수 있는 나쁜 시나리오를 바탕으로 모의 시뮬레이션을 했다. 식량 위기에 어떻게 대비해야 하는지 철저하게 논의했다.

이 회합은 세계자연보호기금(WWF)과 미국의 초당파 정책기관 미국진보센터(Center for American Progress), 미해군·해병대, 싱크탱크 CAN, 그리고 미국 양대 식품회사인 카길(Cargill)과 마즈(Mars)가 주최했다. 카길은 곡물, 마즈는 초콜릿으로 세계 유수의 생산량을 자랑하며, 회합 개최 예산은 이들 업체가 부담했다.

개최비용을 부담한 주체를 봐도 알 수 있듯이 이 회의는 정부 주도로 열린 것이 아니다. 식량문제에 위기감을 강하게 느낀 NGO와 기업이 주도하고 위기감을 공유하기 위해 각국 정부에 참여해 달라고 요청하는 형태로 개최되었다.

그곳에 모인 65명은 식량에 대한 공통의 문제의식을 갖고 있었다. 그것은 중동에서 북아프리카에 걸쳐, 2010년경부터 일제히 발생한 '아랍의 봄'이라는 반정부시위였다. 일본에서는 흔히 아랍의 봄을 독재정권에 대항해 민중이 봉기한 민주화운동으로 설명하는 경우가 많다. 실제로 튀니지에서는 23년간 지속된 정권이 무너지고 민주정권이 탄생하기도 했다. 하지만 그 외의 다른 나라에서는 해피엔드인 '민주화운동'과는 거리가 먼 결말을 맺었다.

이집트와 리비아에서는 반체제파가 장기집권한 정권을 타도하자 하루가 멀다 하고 내전과 쿠데타가 발생했다. 시리아와 예멘에서는 장기집권 정권과 반체제파의 내전이 시작되어 사상 초유의 비참한 피해가 지금도 발생하고 있다. 유일한 성공사례이던 튀니지에서도 민주화된 이후에 집권한 정권이 정치적 안정을 얻지 못해 불안한 정세를 이어가고 있다.

그 외의 중동과 북아프리카 지역에서도 급속히 정세가 악화되어 유럽으로 수많은 난민이 밀려들었다. 난민 문제의 여파로 영국은 EU에서 탈퇴(브렉시트)하겠다는 결정을 내려야 했다.

'아랍의 봄'의 원인은 식량 가격 급등

사회적 분쟁을 초래한 아랍의 봄은 왜 일어났을까? 높은 실업률, 정치적 부패, 경제 성장 둔화, 소득 격차 등 정치·경제적 요인이 배경에 깔려 있었다. 그런데 최근에는 밀가루 가격 폭등을 주요 원인으로 지적하는 전문가들이 늘었다. 북아프리카에서 중동까지의 아랍 지역에서는 밀을 주식으로 먹는다. 그리고 전체 음식에 대한 주식 비율이 매우 높은 편이다. 게다가 아랍은 밀의 3분의 2를 수입에 의존한다. 다시 말해 밀 가격이 급등하면 먹고살기 어려워진 시민들이 폭동을 일으킬 위험이 커진다.

유엔식량농업기구(FAO)는 세계 식료품의 가격 수준을 나타내는 세계식량가격지수(FAO Food Price Index)를 정기적으로 발표한다. 과거 30년 동안 세계식량가격지수는 두 차례 급등했다. 첫 번째는 2007년부터 2008년에 발생한 세계적인 식량 가격 위기였다. 120 안팎에 머물던 지수가 단숨에 220으로 거의 두 배 가까이 올랐다. 세계 각지에서 흉년이 들고 유가 급등과 관련해 바이오 연료 사용이 늘어났기 때문이다. 그 뒤 지수는 2009년에 일단 150 정도까지 떨어졌지만 2011년에 다시 240까지 올랐고 그 상태로 4년이 흘렀다.

2011년 식료품 가격 급등도 세계 각지의 흉작이 원인이다. 전년인 2010년, 기상이변이 세계 곳곳에서 일어났다. 세계적인 식량생산국인 캐나다에서 폭우가 이어져 밀 생산이 크게 감소했다. 러시아에는 폭염과 가뭄으로 초원에 잇달아 화재가 발생하면서 밀 생산에 차질을 빚었다. 아르헨티나는 가뭄, 호주는 홍수, 중동지역도 황사로 인해 농업이 크게 타격을 받았다.

이러한 이상기후가 밀 가격을 폭등시켰고 아랍인들은 굶주림에 시달렸다. 음식이 부족한 시민들은 먹을 것을 구해 도시부로 흘러갔다. 그러자 도시지역의 식량 사정이 점점 악화되었다. 결국 식량난에 처한 도시에서 대책을 내놓지 못하는 정권을 비난하는 움직임으로 이어져 정권 전복을 야기했다. 이것이 '아랍의 봄'이다.

다시 본론으로 돌아가자면 2015년 워싱턴DC에서 열린 식량 위기 시뮬레이션 회의 '푸드 체인 리액션'은 아랍의 봄으로 위기감을 느낀 기업과 NGO가 기후변화로 인해 앞으로 예상되는 정치 불안을 어떻게 막을 것인지 논의하기 위해 각국 정부에 제의한 것이었다. 회의에서는 여러 위기 시나리오를 준비해 그에 대한 대처방안 모의 연습을 진행했다.

예를 들면 2026년, 파키스탄에 대홍수가 일어나 많은 난민이 인도로 유입되고 인도에서 사회 불안이 심화된다는 시나리오가 있었다. 이 경우의 시뮬레이션에서는 미국과 중국 팀이 파키스탄과 인도에 대규모 식량 원조를 하여 사태를 수습했다.

그 밖에 미국의 미시시피강 대홍수, 아시아지역의 가뭄, 아프리카의 식량 수입 가격 급등 등의 시나리오도 있었다. 각 시나리오에 대해 8팀은 시행착오를 거듭하며 대처방안을 세웠다. 바이오에탄올 생산 긴급 중단, 식량 긴급 증산, 육류 생산 과세 도입, 석탄화력발전에 대한 긴급 과세 등이 검토되었다.

푸드 체인 리액션은 이 시뮬레이션에서 3가지 교훈을 얻었다고 발표했다.[7] 첫째, 개발도상국에서 환경에 대한 부담을 최소화한 형태로 식량 수확량을 증대하는 것이 필요하다. 이를 위한 수단으로 지속 가능한 농업 도입, 식품 폐기물 삭감, 농가의 토지이용방법 개선을 위한 기술훈련을 들었다.

둘째 교훈은 관민이 함께 식량 정보를 실시간으로 공유하는 것이다. 식량에 관한 자원, 수급, 농지, 영양 등의 정보를 이해관계자와 즉각 공유하여 의사결정할 필요가 있는 것으로 확인되었다.

그리고 셋째 교훈은 식량 위기를 막기 위한 협력이다. 특히 기후변화를 완화하기 위해 이산화탄소 배출량에 과세하는 '카본 프라이싱(Carbon Pricing)' 제도가 중요하다는 결론에 도달했다.

7 Food Chain Reaction "Findings Report" (2015)

기후변화가 가져올 식량 생산량 감소

부정적인 미래가 예측되다

지금까지 살펴봤듯이 제2차 세계대전 후 국제사회는 수확량과 농지 면적을 늘려 엄청난 식량 수요에 대응했다. 향후 인구 증가와 식생활 변화를 생각하면 인류는 한층 더 식량을 증산해야 한다. 하지만 현실은 냉엄하다. 푸드 체인 리액션에서도 확인했듯이 기후변화로 식량 생산량이 줄어들 것이라는 우려가 커졌기 때문이다.

그러면 기후변화로 앞으로 얼마나 생산량이 감소할까? 미국 항공우주국(NASA)과 컬럼비아대학, 시카고대학 소속 연구자는 2014년 최신 기후변화 시뮬레이션을 이용해 2100년경까지의 식량 생산량 변화를 예측했다. 분석 결과는 우리가 주식으로 먹는 쌀, 밀, 대두 등 곡물 생산량이 향후 대폭 감소할 것이라는 내용이었다. 이 '부정적인' 분석 결과는 IPCC(기후변화에 관한 정부 간 협의체)가 2019년 발표한 『기후변화와 토지에 관한 특별 보고서』[8]에 그대로 게재되었다.

도표 2-8(권말부록 276쪽 컬러 그림 확인)은 분석 결과를 품목별로 나타낸 것이다. 먼저 밀부터 살펴보자. 그림에서 진한 빨간색 지역은 1980년부터 2010년 사이의 평균에 비해 생산량이 약 50% 감소할 것을 의미한다. 브라질, 아프리카 중부, 인도 남부, 동남아시아 일대에서는 2100년까지 밀 생산량이 반으로 줄어든다. 또 노란색 지역도 생산량이 감소해 세계 주요 밀 생산지인 미국 중서부, 중국 북부, 인도 중부, 카자흐스탄, 프랑스, 아르헨티나 북부도 감소하는 추세를 보인다.

반대로 캐나다와 러시아 등의 북반구 고위도지역에서는 온난화로 인해 동토가 평야로 변하면서 생산량이 증가한다. 밀 생산지가 북극과 남극을 향해 옮겨 가는 모습을 볼 수 있다.

쌀 생산량에도 영향을 미치다

일본과 한국의 주식인 쌀도 기후변화의 영향을 피해 가지 못한다. 쌀을 주식으로 삼는 동남아시아, 중국 남부의 쌀 생산량은 10% 정도 감소한다. 일본의 경우 남부 지역의 생산량은 감소하는 반면 홋카이도는 쌀 생산에 적합한 지역으로 바뀌어 생산량이 늘어난다는 예측 결과가

8 IPCC "Special report on climate change and land" (2019)

2-8 2070~2099년의 곡물 생산량 변화(질소 스트레스 있음)

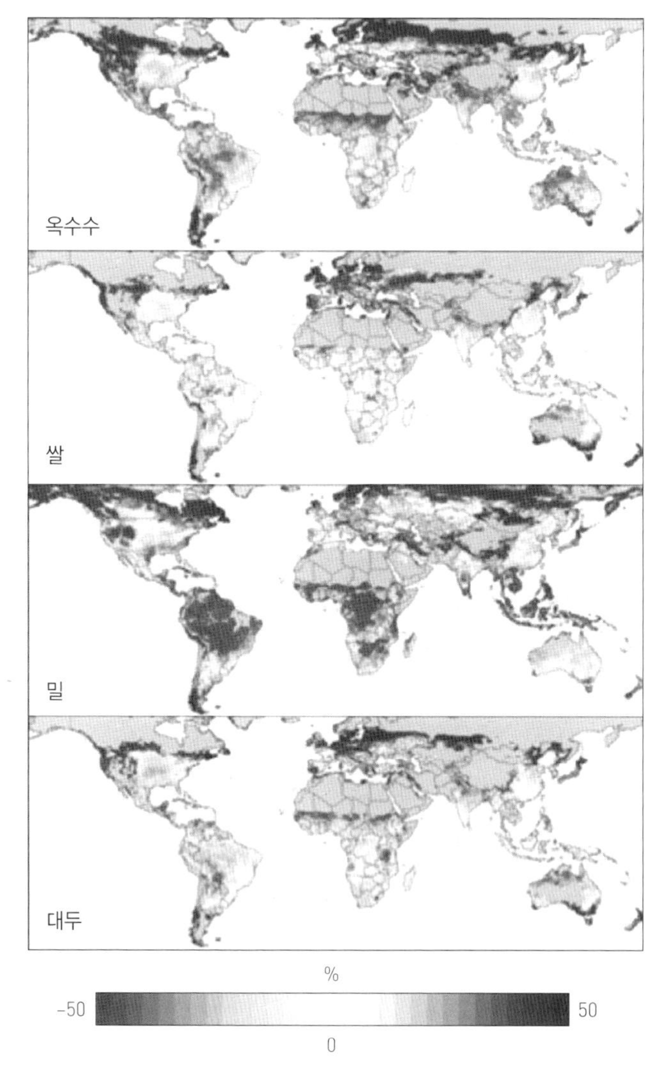

출처: Rosenzweig 외 (2014년)와 IPCC (2019년)를 근거로 저자가 번역함

※ 권말부록 276쪽에서 컬러 그림으로 확인할 수 있다.

나왔다.

밀과 쌀 생산이 줄어들면 어떤 일이 일어날까? '아랍의 봄'에서도 그랬듯이 주식의 생산량이 감소하면 가격이 오르고 폭동이나 시위가 발생할 위험이 커진다. 특히 개발도상국에서 주식인 밀 생산량 감소가 세계적으로 일어나면 많은 나라의 정세가 불안정해진다. 그 여파는 개발도상국에 머무르지 않고 정세가 불안한 나라들의 난민이 선진국으로 유입되면서 사회 불안이 퍼질 것이다. 이처럼 그 영향이 전 세계에 도미노처럼 확산되는 일도 충분히 상상할 수 있다.

대두와 옥수수 생산량도 감소할 것으로 예상된다. 앞에서 말했듯이 대두와 옥수수는 인간의 식량뿐 아니라 가축 사료로도 이용한다. 이들 가격이 오르면 축산업은 어려움을 겪고 육류와 달걀, 유제품을 구하기 어려워질 것이다.

식량자급률과 사회 리스크

계속 떨어져 가는 자급률

식량 생산량이 감소하면 식량을 수입에 의존하는 나라는 식량을 조달하기 어려워진다. 식량 생산국이 정치적인 이유로 국내소비를 우선하고 수출을 줄이기 때문이다. 실제로 신종코로나바이러스의 확산으로 국내 식량 공급 감소를 우려한 러시아와 카자흐스탄, 우크라이나는 밀 수출을 통제하기도 했다.[9] 식량난인 상황에서 식량을 확보하려면 무역회사와 식품제조사는 비싼 가격으로 식량을 조달할 수밖에 없다. 그러면 당연히 식량자급률이 낮은 나라의 식량 가격은 오르게 된다.

세계에서 식량자급률이 높은 나라는 면적이 큰 나라가 많다. 캐나다,

9 FAO "MNR ISSUE 161" (2020)

아르헨티나, 호주, 카자흐스탄은 국내소비량의 1.6배 이상의 식량을 생산하는 완전 수출초과국이다. 유럽은 농업 대국으로 알려진 프랑스가 EU의 식량 공급을 떠받치고 있다. 미국, 러시아, 독일, 중국, 인도, 터키, 태국, 미얀마 등도 생산량이 소비량을 웃도는 주요 식량 수출국이다.

그와 대조적으로 식량자급률이 현저하게 낮은 나라는 '아랍의 봄'을 겪은 아랍국가들과 일본, 한국이다. 일본은 물론 국내에서도 식량을 생산하지만, 인구가 많아서 훨씬 더 많은 식량을 수입에 의존한다. 농림수산성 발표에 따르면 일본의 식량자급률(칼로리 환산)은 고작 37%다. 생산액 환산으로 봐도 66%로 선진국 가운데 영국 다음으로 낮다. 식량자급률이 낮은 일본과 비슷한 상황인 한국도 칼로리 환산으로 추산하는 식량자급률은 38%에 불과하다(도표 2-9).

일본의 식량자급률을 품목별로 보면 쌀이 97%, 채소는 77%, 달걀도 96%로 높은 편이지만 밀 12%, 대두 6%, 유지류는 13%로 완전히 수입에 의존하는 상황이다. 그 밖에 과일이 38%, 설탕이 34%, 육류가 51%, 어패류가 55%, 유제품이 59%로 매우 낮다. 일본 국내산 소와 돼지, 닭, 달걀을 얻는 데 필요한 사료의 국내자급률은 25%에 지나지 않는다.[10]

일본의 식량자급률은 1960년에는 79%로 비교적 높은 편이었다. 그러나

---

10 일본 농림수산성 〈세계의 식량자급률〉 (2019년, 접속일 : 2020년 5월 12일) https://www.maff.go.jp/j/zyukyu/zikyu_ritu/013.html

2-9 국가별 식량자급률

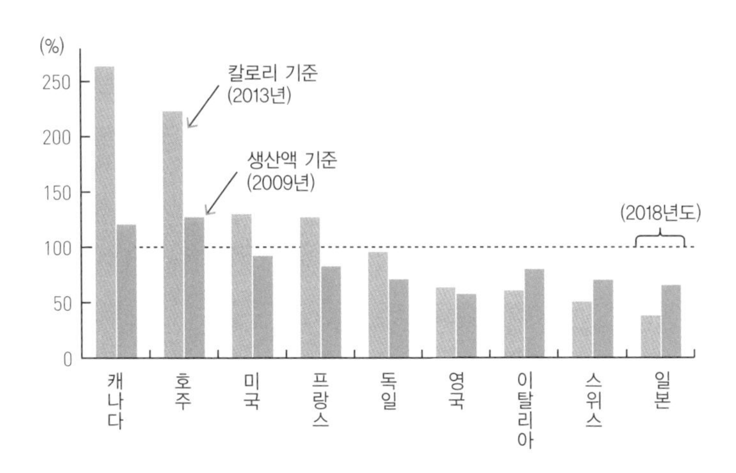

(주) 스위스와 영국(생산액 기준)에 관해서는 각 정부가 발표한 수치를 참조했다.
축산물과 가공품은 수입 사료와 수입원료를 참고해 계산했다.
출처: 일본 농림수산성 〈세계의 식량자급률〉

2-10 세계 각국의 식량자급률

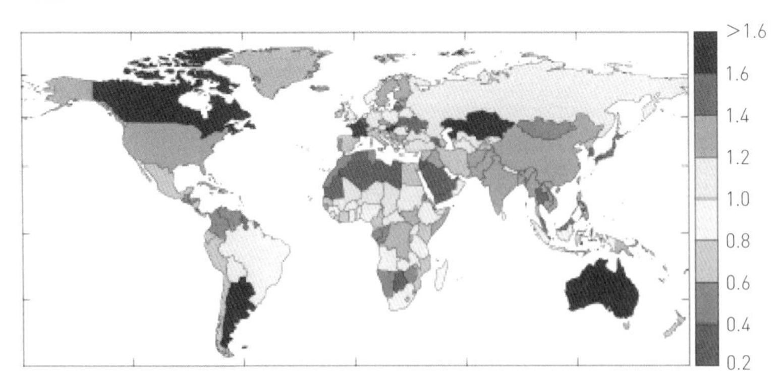

출처: FAO "The State of Agricultural Commodity Markets 2015–16"
※ 권말부록 277쪽에서 컬러 그림으로 확인할 수 있다.

이후 쌀 소비량이 감소하고 밀, 고기, 유제품, 설탕을 선호하게 되면서 자급률이 37%까지 떨어졌다(도표 2-10, 권말부록 277쪽 컬러 그림으로 확인).

일본의 식량 가격이 변하지 않는 이유

일본은 식량자급률이 낮아 해외 농산물 시황에 쉽게 영향을 받지만 세계식량가격지수의 등락에 따른 영향을 체감하는 사람은 거의 없다. 일본 정부가 배치한 '방파제'가 가격변동에 따른 충격을 흡수해 주기 때문이다.

일본 정부는 '식량 관리 제도'를 이용해 주요 품목의 가격을 통제한다. 쌀의 가격과 유통량은 식량 관리 제도에 의해 통제된다. 실제로는 쌀뿐 아니라 무역회사가 수입한 밀, 보리, 유제품도 정부가 일원적으로 매입해 정부 통제 가격으로 국내 식품제조업체에 판매한다. 그 때문에 일본 국내에서는 정부 통제하에 안정된 가격을 유지할 수 있는 것이다.

하지만 가격통제를 한다 해도 식량 자체를 조달할 수 없으면 일본에 식품을 유통할 수 없다. 또 수입 가격이 급등하면 정부가 가격통제를 위해 투입하는 차액부담분, 즉 국비가 점점 커진다.

제2차 식량 인클로저 시대가 막을 열다

주역은 국가에서 기업으로

2010년경 미래의 식량 수요 증가를 예측한 나라들이 식량과 농지를 사재기하고 있다는 이야기가 나왔다. 당시 2007년경부터 전 세계 식료품 가격이 치솟는 가운데 각국에서는 식량에 관한 우려가 표면화되었다. 사재기의 주역은 중국 정부였다. 이 시기를 제1차 식량 인클로저[11] 시대로 규정한다면 지금은 제2차 식량 인클로저 시대라고 부를 수 있다. 이번 사태의 주역은 기업이다.

학교에서 배우는 식량의 수출입 데이터는 어느 나라가 어느 나라로 수출하는지 보여 주며 국가별로 취급되는 경우가 많다. 하지만 실제로

---

11 '울타리 치기'를 뜻하는 낱말로, 근세 초기의 유럽, 특히 영국에서, 영주나 대지주가 목양업이나 대규모 농업을 하기 위하여 미개간지나 공동 방목장과 같은 공유지를 사유지로 만든 일.

수출입을 하는 주체는 국가가 아닌 기업이다. 특히 선진국에서는 국영 기업이 아닌 무역회사나 식품회사가 해외에서 식량을 조달하거나 무역을 한다. 예를 들면 일본의 경우 종합상사가 식품무역에서 큰 역할을 하고, 다른 나라에서는 식품회사나 소매기업이 해외로 나가 거래를 한다. 그러면 식량 부족이 예상되는 지금, 기업은 어떻게 움직이고 있을까?

식품 관련 기업에서 요즘 자주 듣는 키워드는 '공급망(supply chain)의 가시화'이다. 식품 제조업체와 소매업체가 농작물을 들여오기까지 여러 무역업체와 도매업체가 그 사이에 끼어 있다. 그 때문에 농산물이 실제로 어디에서 왔는지는 원산지 수준만 알 수 있다. 하지만 원산지만 알고 농산물이 난 농장이 어디이고 그곳의 향후 생산량이 늘지 줄어들지, 품질이 향상될지 저하될지 파악할 수 없다면 미래의 리스크에 대비할 수 없다.

월마트, 스타벅스, 맥도날드, 유니레버, 네슬레 등 서구의 주요 기업들은 이미 조달처인 농장의 위치와 경영자까지 특정하여 식량 생산에 미칠 영향을 분석할 수 있는 시스템을 구축하고 있다. 기후변화와 토양 변화, 오염 동향을 세세하게 측정해 재배 품종과 심는 양, 농법을 개선해 수확량을 늘리려는 노력을 약 10년 전부터 본격적으로 실행하고 있다. 푸드 체인 리액션을 주최한 카길과 마즈도 당연히 위와 같은 일을 진행 중이다.

기술을 활용해 수확량을 증대하는 노력도 가속화되고 있다. 예를 들면 기후 상황 등을 빅데이터로 예측하고 심는 품목과 비료량, 살수량, 수확 시기 등을 세밀하게 조정하는 기법을 스마트 농법(Smart Agriculture) 또는 정밀농업(Precision Agriculture)이라고 부른다.

정밀농업은 기후변화 대책 측면에서도 주목받고 있다. 질소가 주성분인 화학비료를 과도하게 살포하면 아산화질소라는 온실가스가 발생한다. 정밀농업은 비료 적량화를 실행해 아산화질소 발생을 통제할 수 있다. 대기업은 스마트 농법이나 정밀농업을 추진하기 위해 연구개발과 설비투자에 막대한 돈을 쏟아붓고 있고, 스타트업에 출자를 하거나 제휴하기도 한다.

우수한 농가와 계약을 파기하는 리스크

농가를 파악하고 수확량 개선 작업을 시작한 기업이 부딪치는 최대 경영 리스크는 생산 농가가 계약을 파기하거나 갱신하지 않아서 힘들여 키운 생산 농가에서 조달할 수 없게 되는 것이다. 그 때문에 최근에는 생산 농가의 소득을 고려해 가격 후려치기 대신 웃돈을 얹은 금액으로 장기계약을 체결하는 움직임이 나타나고 있다. 그렇게 하면 생산 농가와 장기적인 관계를 형성해 안정적으로 품질 좋은 농산물을 조달할 수 있기 때문이다.

생산자의 소득을 배려하는 조달 방법은 예전부터 공정무역(Fair trade)이라는 이름으로 존재했지만, 최근에는 대기업이 경영 리스크를 줄이는 차원에서 적극적으로 공정무역에 나서는 경우가 늘어났다. 예를 들면 스타벅스는 구매하는 커피콩을 거의 100% 생산자의 소득을 고려한 매입가격으로 설정한다. 이런 식으로 기업들은 이미 몇 년 전부터 향후 생산량이 감소할 위험이 낮은 우량 농가를 확보하려고 노력하고 있다.

개발도상국에서 농가 소득을 고려해 세밀한 농업 지도를 하는 것은 예전에는 정부나 국제기구, NGO의 몫이었다. 하지만 지금은 식량 생산 감소를 우려하는 글로벌 기업이 개발도상국의 농가에 자금과 노하우를 제공하는 경우가 늘어났다. 또한 글로벌 기업이 개발도상국에서 효율적으로 농가 육성을 진행하기 위해 노하우를 갖고 있는 국제기구나 NGO와 파트너십을 체결하는 일도 드물지 않게 되었다.

국제기구에서는 유엔식량농업기구(FAO), NGO에서는 케어 인터내셔널(국제 원조 구호 기구), WWF, 국제보호협회(Conservation International), 국제자연보호협회인 네이처 컨저번시(Nature Conservancy) 등이 활발하게 기업과 파트너십을 맺고 있다.

유전자 변형 작물의 현재

농산물 자체보다 제초제와 살충제가 위험하다

식량에 관한 주제 말미에 유전자 변형 기술도 잠깐 살펴보자. 현재 옥수수와 대두, 밀에 보급된 유전자 변형 기술은 성장을 촉진하기 위한 것이 아니라 제초제와 살충제에 대한 내성을 높이기 위한 것이다.

농작물 재배에서 골칫거리는 잡초가 자라나 재배 작물의 성장을 방해하거나 해충이 작물을 갉아먹는 것이다. 하지만 무턱대고 제초제나 살충제를 뿌리면 재배 작물마저 말라죽을 수 있다. 그 때문에 특정 제초제와 살충제를 사용해도 죽지 않는, 즉 약제에 내성이 있는 품종을 인공적으로 만들기 위해 유전자 변형 기술이 적용되었다.

유전자 변형은 인위적으로 DNA를 변형했으므로 식물이나 그 식물을 먹는 사람이나 동물에게 예기치 못한 악영향을 미칠 가능성이 있다.

유전자 변형을 반대하는 사람들은 이 '가능성이 있다'는 점을 배제해야 한다고 주장한다. 구체적으로 어떤 악영향이 있는지는 연구자마다 의견이 갈린다. 문제가 없다고 하는 연구도 있는가 하면 명백히 위험하다는 연구도 있다. 반대하는 사람은 과학에서 '100% 문제가 없음'을 증명하는 것은 애초에 불가능하다는 근본적인 문제를 든다.

최근 들어서는 유전자 변형 작물의 유해성보다는 제초제의 발암물질이 위험하다는 지적이 나왔다. 이미 미국 캘리포니아주는 제초제를 사용한 곳에서 일하던 사람이 암에 걸렸다고 제소하여 주(州)지방재판소에서 발암물질이 있다고 인정받은 판례도 있다.[12] 그러나 그 제초제에서는 발암물질이 발견되지 않았다는 연구 보고서도 있다.

발암물질이 발견되지 않았다는 이 연구는 추진 성향이 강한 기업과 단체로부터 자금을 지원받았기 때문에 이미 결론이 정해진 연구라는 비판도 나왔다. 과학적 연구가 어떤 목적에 의해 자금 지원을 받으면 무엇이 진실인지 알 수 없게 된다. 이 때문에 객관적 사실관계를 정확하게 파악하려는 대형 기관투자자들은 자금 흐름을 가시화하기 위해 기업이 집행하는 기부금, 정치자금 출연처와 금액, 출연방침을 밝히라고 압박하기도 한다.

유전자 변형 작물과 세트로 이용되는 살충제에 관해서는 주변에 있

---

12 Superior Court of the State of California, County of San Francisco "Dewayne Johnson v. Monsanto Company, Order denying Monsanto Company's motion for Judgment notwithstanding verdict" (2018)

는 익충까지 죽게 하는 문제도 있다. 익충은 예를 들어 '꽃가루 매개자' 라 부르는 벌 등을 가리키는데 수꽃에서 암꽃으로 옮겨 다니며 식물의 번식에 필요한 꽃가루를 운반한다. 농업에서도 꽃가루 매개자에 의한 수분에 의존하는 농가가 적지 않다. 그러므로 이 꽃가루 매개자를 죽여 버리면 작물이 더 이상 자라지 않고 식량 생산량이 감소한다. 영국 등은 이미 꽃가루 매개자로서 활약하던 특정한 벌이 멸종 위기에 놓여 있다.

대기업이 재생 농업을 추진하다

최근에는 작물 자체의 성장을 촉진하거나 영양소를 높이기 위한 유전자 변형 기술도 연구 중이다. 또 전혀 관계없는 생물의 유전자를 인위적으로 추가하는 '유전자 변형'이 아닌, 그 생물이 지닌 유전자를 일부 제거하거나 이어 붙이는 '게놈 편집'이라는 기술도 등장했다. 유전자 변형 작물(GMO)과 게놈 편집 작물에 문제가 없다는 점을 사전에 입증할 수 없는 만큼 미국과 유럽의 주요 유통업체들에서 자발적으로 이들 제품을 취급하지 않기로 결정한 곳도 늘어났다.

유전자 변형 작물과 거리를 두는 대기업들은 농약이나 화학비료를 사용하지 않고 자연에 가까운 환경에서 농업을 하는 재생 농업(Regenerative Agriculture)에 주목하고 있다. 지금까지 농약과 화학비료를 사용하던 농가가 그 사용을 중단하려면 경제적인 부담이 만만치 않다. 농약을 사용하는 농장의 토양에는 식물 성장에 필요한 질소를 생성하는 미생물이 죽어 있으므로 비료를 줘야만 작물이 자라기 때문이다.

미생물이 자연적으로 회복되려면 일반적으로 3년은 걸리므로 그동안은 농업을 할 수 없다. 아무 지원이 없는 상태에서 3년이나 농사를 짓지 못하면 생계를 유지할 수 없다. 그런 이유로 유럽의 글로벌 기업들은 장기계약을 맺은 농가에 자금과 기술을 제공함으로써 재생 농업으로 전환할 수 있게끔 독려하고 있다.

재생 농업은 농약과 비료를 사용한 농업보다 수확량이 줄어들 수 있다. 이에 따라 글로벌 기업들은 수확량이 많은 재생 농업을 확립하는 연구에 많은 돈을 투자하게 되었다.

예전에 글로벌 기업은 녹색 혁명을 추진하여 화학비료와 농약을 사용하는 농업을 전 세계에 확산했다. 하지만 이제는 화학비료와 농약을 이용한 농업에서 재생 농업으로 전환을 촉진하는 데 글로벌 기업이 큰 역할을 하고 있다.

제3장

사라지는 숲이 식품·소매업체에 미치는 영향

세계의 현실

숲을 보호하지 않으면 머지않아 커피와 초콜릿을 맛볼 수 없게 될 것이다.

숲을 파괴하는 4대 요인
— 대두, 쇠고기, 팜유, 목재

숲이 줄어드는 것은 정말로 문제인가

앞에서 식량 생산량은 수확량에 면적을 곱해서 계산한다고 언급했다. 그리고 수확량은 기후변화로 인해 감소할 것으로 전망되며 정밀농업과 재생 농업 기법을 도입해 수확량 개선에 힘쓰는 움직임이 나타났다고도 했다. 그러면 면적을 더욱 확대할 수는 없을까? 이것이 3장의 주제이다.

최근 몇 년간 산림 훼손의 미래를 나타내는 두 가지 나쁜 뉴스가 있었다. 먼저 2019년 8월, 남미 아마존에서 발생한 대규모 열대우림 산불이다. NASA의 인공위성으로 촬영한 영상을 보면 브라질, 볼리비아, 페루, 에콰도르의 4개국에 걸친 열대우림이 넓게 불타고 있는 모습이 잡힌다(도표 3-1, 권말부록 277쪽 컬러 그림 확인). 또 브라질 아마존 지역에서 남쪽으로 조금 떨어진 곳에 있는 캄푸세라두(Campo cerrado)라는 관목지대에서도 매우 넓은 범위에 걸쳐 화재가 발생했다.

또 하나 나쁜 소식은 같은 해 9월에 싱가포르를 비롯한 동남아시아를 덮친 연무(haze)였다. 인도네시아에서 일어난 열대우림 화재로 발생한 연기가 바람을 타고 북상해 싱가포르와 말레이시아 등 말레이반도에 흘러와 마을들을 덮쳤다.

사실 아마존이나 동남아시아의 열대우림이 벌채되고 있다는 이야기는 이미 수십 년 전부터 들려왔다. 아마존에서는 매년 화재가 발생하고 있으며 인도네시아로부터 유입되는 연무는 동남아시아의 오랜 골칫거리다. 열대우림 화재와 열대우림 파괴 뉴스가 보도될 때마다 숲이 사라져 가는 영상과 사진이 나오지만, 구글맵을 보면 아마존과 인도네

3-1 2019년 아마존 산불 시의 인공위성 영상

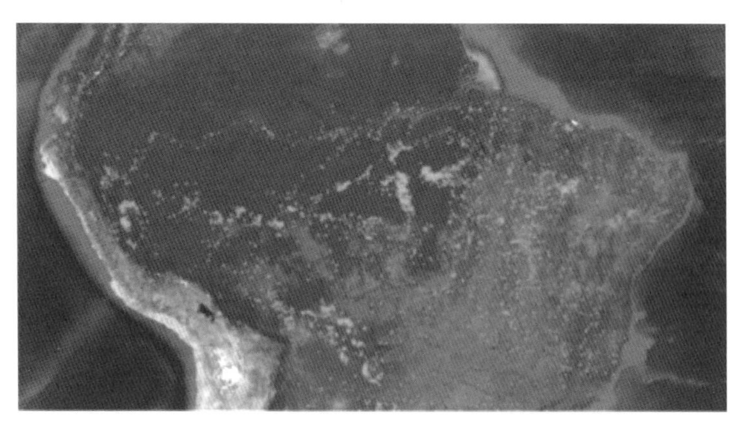

출처: NASA (2019년)

※ 권말부록 277쪽에서 컬러 그림으로 확인할 수 있다.

시아에는 여전히 열대우림이 존재하며 아무 일도 없는 것처럼 보인다. 그렇다면 무엇이 문제일까?

물론 나무가 베어지거나 불에 타도 제대로 숲을 다시 가꾸면 어느 정도 복구된다. 또 열대우림을 훼손하는 불법 벌목업자나 자원채굴 사업자를 철저하게 단속하여 '악당'을 퇴치하면 열대우림이 원래대로 돌아갈 것이라 생각할 수도 있다.

그러나 현재 열대우림 훼손은 우리의 삶과 밀접한 구조적인 문제를 갖고 있으며 해결 방안이 아득히 먼 상황이다.

줄어드는 열대우림

아마존의 열대우림은 왜 파괴되고 있을까? 열대우림은 목재를 베기 때문에 훼손된다고 흔히 생각하지만 그렇지 않다. 현재 산림 훼손의 가장 심각한 원인은 대두와 쇠고기 생산이다.

앞에서 설명했듯이 대두 생산면적은 과거 반세기 동안 브라질에서 141배나 늘어났다. 당초에는 관목지대인 캄푸세라두를 불태워 콩밭으로 삼았는데 그래도 장소가 부족해서 지금은 아마존의 열대우림을 불태워 콩밭으로 전환하고 있다. 관목지대와 열대우림을 불태우는 이유는 식물이 많은 지역에 토양 영양소가 풍부하기 때문이다. 농가 입장에서는 척박한 황무지를 개척하기보다는 숲이 우거진 토지를 활용하면 손쉽게 콩밭을 확장할 수 있다. 그런 이유로 숲이 콩밭으로 변하고 있다.

인공위성 영상에 비친 아마존의 열대우림 파괴 상황을 분석하는 브라질 국립우주연구소(INPE)는 2006년경까지 연간 열대우림 소실 면적이 1만 5,000km²를 넘었다고 한다. 이는 경기도보다 큰 면적이다. 그 뒤 정부의 규제 강화와 단속 강화로 2012년까지 5,000km², 즉 3분의 1 이하로 줄었지만, 근래 정권이 교체된 다음에는 대두 생산을 촉진하는 정책이 부활하면서 소실 면적이 다시 증가하기 시작했다. 2019년의 소실 면적은 1만km²로 추계된다(도표 3-2). 숲을 콩밭으로 전환할 때는 숲에 불을 지른다. 그 불길을 통제하지 못하면 열대우림 화재가 확산되어 농지와 전혀 상관없는 곳까지 불타고 만다.

3-2 법정 아마존 지역의 소실된 열대우림 면적

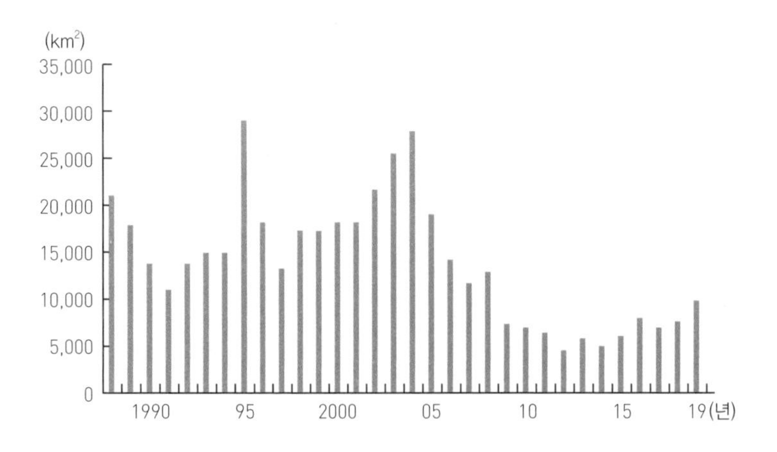

출처: INPE "Prodes" http://terrabrasilis.dpi.inpe.br (2019년)을 근거로 저자가 작성함

앞으로도 세계적으로 육식 수요가 증가함에 따라 대두 생산도 증가할 것이다. 이 급격한 수요 증가에 대처하기 위해 또다시 열대우림을 불태워 콩밭으로 전환한다. 또한 브라질은 육우도 많이 사육하므로 소를 키울 방목지도 필요하다. 이를 확보하기 위해 또다시 열대우림을 불태워서 방목지로 전환하고 있다.

'재생할 수 없는' 바이오매스 발전

인도네시아와 말레이시아의 열대우림이 훼손되는 원인은 팜유이다. 팜유는 야자나무의 일종인 기름야자의 과육에서 짜내는 식물성 기름이다. 팜유라고 하면 천연 비누를 떠올리는 사람도 있는데 그 밖에도 식용유, 마가린, 과자, 초콜릿, 세제, 샴푸 등의 원료로 광범위하게 쓰인다. 동남아시아에서는 오래전부터 팜유를 생산하고 있으며, 유럽인들은 식민지 시대에 '플랜테이션'이라는 대규모 농원형 농장을 운영하기 시작했다. 광대한 플랜테이션형 농업은 지금도 지속되고 있다.

팜유는 인도네시아와 말레이시아에서만 세계 생산량의 80% 이상을 차지한다. 팜유에 대한 수요가 늘면서 동남아시아는 열대우림을 불태워 기름야자밭으로 바꿔 놓았다. 최근에는 재생에너지 바람이 불면서 팜유를 연료로 하는 바이오매스 발전도 주목을 받았다. 하지만 원료인 팜유를 생산하기 위해 열대우림을 훼손하고 있다는 사실이 밝혀지자

팜유[1]를 이용한 바이오매스 발전은 재생가능한 에너지가 아니라고 인식하게 되었다.

EU는 이미 불에 탄 열대우림에서 채취한 팜유를 원료로 하는 바이오매스 발전은 법적으로 재생에너지로 보지 않기로 결정했다. 동남아시아의 열대우림은 희귀생물인 오랑우탄의 서식지이기도 해서 오랑우탄은 종종 열대우림 파괴로 인한 희생자들의 상징으로 묘사된다.

대두, 쇠고기, 팜유와 예전부터 산림 파괴의 온상으로 지적받아 온 목재(종이 펄프 포함), 이 4가지는 현대 산림을 파괴하는 주범으로 지목된다.

---

1 최근에는 팜유 자체가 아닌 야자껍질(PKS)을 연료로 하는 바이오매스 발전도 등장했다. 상대적으로 비판이 적지만, 여전히 야자 생산으로 열대우림이 파괴되지 않는다는 점을 보여 줘야 할 필요가 있다.

산림 훼손은 기후변화를 악화시킨다

이산화탄소의 고정량이 감소하다

그러면 숲의 훼손은 무엇이 문제일까? 만물의 근원인 지구가 준 숲을 훼손하는 행위 자체가 어리석다는 자연주의 시각도 있다. 경관을 해친다는 의견, 숲에 서식하는 동식물의 다양성이 사라지는 것을 우려하는 목소리도 나온다. 반면 '지구가 준 자원을 인간사회를 위해 유용하게 써야 한다', '경관보다는 경제 성장이 중요하다', '생물의 다양성이 낮아져도 인간사회에 미치는 영향은 별로 없다'는 반론도 있다.

지구에서 숲이 사라지면 인간사회와 경제활동에 여러 부정적인 영향을 미치지만 가장 관심을 끄는 문제는 역시 기후변화다. 잘 알다시피 식물은 광합성으로 대기 중의 이산화탄소를 흡수해 자신의 '몸'을 만든다. 그중에서도 숲에 서식하는 나무는 키가 큰 것이 많아 면적당 많은 탄소를 흡수한다. 특히 천연림은 서로 다른 나무와 초목이 층을 이루어 서식하기 때문에 인공림보다 탄소를 더 많이 흡수한다. 열대우림은 이 천연림의 대표적인 존재이다.

열대우림을 불태우거나 탄소흡수량이 적은 콩밭이나 기름야자밭으로 바꾸면 면적당 이산화탄소 고정량(생물이 이산화탄소를 흡수해 유기물로 바꾸는 양 - 옮긴이) 감소한다. 그러면 흡수하지 못하고 남은 이산화탄소는 다시 대기 중으로 방출된다. 잘라 버린 목재를 태우지 않고 그대로 놔둔들 미생물이 분해해서 썩으면 이 역시 이산화탄소와 메탄 등 온실가스가 되어 대기에 방출된다. 그러면 1장에서 언급한 자연재해의 증가와 2장에서 언급한 식량 생산량 감소를 초래할 것이다.

산림 훼손이나 산림 악화는 전 세계 이산화탄소 배출량의 약 15%를 차지한다. 기후변화를 막고 싶다면 열대우림을 사라지게 하는 것은 현명한 선택이 아니다.

키워드는 'NDPE'

그러면 어떻게 하면 지속 가능한 방법으로 대두나 팜유를 생산할 수 있을까? 국제적인 키워드는 '산림 훼손 제로, 이탄지 파괴 제로, 착취 제로(No Deforestation, No Peat and No Exploitation)'이다. 머리글자를 따서 NDPE로 약칭하기도 한다.

산림 훼손에 관해서는 앞에서 설명했다. 이탄지(泥炭地)는 토양에

탄소성분이 풍부한 습지를 말하는데 이탄지를 개발하면 토양의 탄소 성분을 대기 중에 방출하게 되므로 이탄지를 밭으로 전환하는 일도 중단한다는 뜻이다. 착취 제로는 노동자 착취 행위를 없애고 적정 임금과 안전한 노동환경을 제공하는 것인데 이에 대해서는 8장에서 자세히 다루겠다.

특히 그동안 산림 훼손의 원인이었던 팜유가 생산 과정에서 산림을 훼손하지 않는다는 점을 입증하는 RSPO 국제인증이 상당히 보급되고 있다. 물론 이 인증 기준에도 NDPE가 채택된다. 유니레버와 네슬레는 RSPO 또는 그와 동급인 인증을 취득하지 않은 팜유 생산기업에서 팜유를 수입하지 않겠다는 기업 방침을 정했으며, 실제로 규정을 어긴 기업과 거래를 끊고 있다.

투자자도 팜유 생산으로 인한 산림 훼손에 걱정스러운 눈길을 보내고 있다. 유럽의 대형 기관투자자는 투자처인 식품·소비재 기업에 RSPO 인증 취득을 강하게 요청한다. 유럽 대형은행 중에는 RSPO 등의 인증을 취득하지 않은 팜유 생산기업에 대출을 하지 않는 곳도 생겼다. 몇 년 늦었지만 최근에는 일본의 메가뱅크도 그 방침을 내세우고 있다.

팜유에 이어 대두에도 그와 같은 인증제도가 확립되었다. 남미산 대두에는 RTRS 인증이 생겼다. 북미에는 미국 대두 협회(USSEC)가 개발한 지속가능성보증규약(SSAP; Soybean Sustainability Assurance Protocol) 인증이 확산되고 있다.

쇠고기에도 앞에서 맥도날드를 예로 들어 소개한 '지속 가능한 쇠고기를 위한 국제적인 원탁회의(GRSB)'의 움직임에 자극을 받아 캐나다에서 '지속 가능한 쇠고기를 위한 캐나다 원탁회의(CRSB)'를 설립해 CRSB 인증이 탄생했다. 또 기존의 인증제도가 아닌 독자적인 기준을 책정해 직접 업체를 감독하는 글로벌 기업도 늘고 있다. 자금력이 있는 글로벌 기업들은 외부인증에 의존하기보다는 스스로 확인하는 편이 확실하다고 생각해 자체 감독을 도입하는 경향이 강해지고 있다. 이때 전문성이 높은 NGO를 파트너로 선택하는 것이 일반적이다.

초콜릿과 커피도 산림을 훼손한다

산림 훼손은 다른 식품생산에서도 발생한다. 예를 들어 초콜릿의 원료인 카카오를 생각해 보자. 카카오는 관목인 카카오나무의 열매에 들어 있는 씨가 원료다. 그 씨를 볶아서 껍질을 벗기고 갈아서 으깨면 카카오가 된다. 전 세계 카카오의 70%는 아프리카 서부 연안국인 시에라리온에서 카메룬에 이르는 지역에서 생산되며, 특히 코트디부아르와 가나가 2대 생산국으로 꼽힌다. 코트디부아르는 열대우림을 태워서 카카오나무를 심었는데 국토의 25%를 차지하던 열대우림이 지금은 4% 미만으로 쪼그라들었다.

지금의 카카오농법으로는 같은 땅에서 카카오를 계속 재배하기가 어렵다. 토양의 영양소와 미생물 상태를 고려하지 않고 단발적으로 재배했기 때문이다. 토양을 관리하지 않고 생산량만 확보하려면 새로운 비옥한 토지를 카카오 농원으로 만들어야 한다. 그런 식으로 비옥한 열대우림을 카카오 농원으로 전환했다. 하지만 코트디부아르에는 새로이 개척할 열대우림이 거의 남아 있지 않다.

그래서 세계 대형 초콜릿 제조기업은 '산림 훼손 제로'형으로 카카오를 재배해야 할 필요가 생겼고 나무를 심어 산림을 재생해야 할 처지가 되었다. 실제로 지속 가능한 카카오 생산을 추진하는 세계 카카오 재단(World Cocoa Foundation; WCF)은 코트디부아르와 가나에서 카카오 재배로 인한 열대우림 벌채를 막고 국립공원을 지키기 위한 행동 '프레임워크 포 액션'을 2017년에 발족했다. 이미 카길, 네슬레, 허쉬, 마즈, 고디바 등 대형 초콜릿 제조업체가 참여해 목표를 이루기 위해 여러 행동을 시작했다.

그러나 실제로 초콜릿 제조업체가 생산 농가의 농법을 개선하려면 그들이 사들이는 카카오가 세계 어느 농장에서 재배되는지 특정할 수 있어야 한다. 여기서도 '공급망의 가시화'가 필요한 셈이다. '프레임워크 포 액션'은 카카오 유통 인증과 모니터링 제도를 도입하고 인공위성의 영상을 분석해 공급망의 투명성을 높이는 방법을 추진하고 있다.

커피 산업에서도 같은 일이 일어나고 있다. 커피도 관목에서 채취하는 열매에 들어 있는 씨가 원료이며 그 씨(원두)를 볶으면 커피가 된다. 커피 나무는 열대에서 낮과 밤의 기온 차가 큰 지역에서 잘 자란다.

특히 커피 생산지는 북위 25도에서 남위 25도 사이에 있는 열대와 아열대에 집중해 있으며 이곳을 '커피 벨트'라고 부른다. 유명한 산지는 브라질, 콜롬비아, 코스타리카, 온두라스, 과테말라, 하와이, 인도네시아,

베트남, 에티오피아, 케냐, 탄자니아 등이다.

커피는 앞으로도 지속적인 수요 증가가 예상되며 2050년까지 지금의 3배로 확대될 것이라는 관측도 있다. 그리고 커피도 초콜릿처럼 지금까지는 열대우림을 불태워 넓은 농지를 확보해 왔다.

육식에서 채식으로 전환은 피할 수 없는가

채식주의 운동의 확산

열대우림의 산림 훼손이 연무와 환경 파괴로 이어진다는 비판을 받은 기업과 정부가 대책 마련에 나서면서 사태가 개선되고 있는 곳도 있다.

인도네시아에서도 팜유 생산으로 매년 열대우림 면적이 감소하여 2016년에는 소실 면적이 90만 헥타르(1헥타르 = 1만m²)를 넘었지만, 2018년에는 40만 헥타르 미만 수준까지 떨어졌다.[2] 그래도 인도네시아의 다른 지역에서는 소실 면적이 늘어나는 곳도 있으므로 전체적으로 보면

---

2 WRI "Indonesia is reducing deforestation, but problem areas remain"(2019) (접속일: 2019년 12월 31일)

마음을 놓을 수 없는 상황이다.

또 식량 증산으로 인한 산림 소실 면적 확대에 제동을 걸기 위해 일부 소비자들은 쇠고기를 비롯한 육식을 중단하기 시작했다. 그들은 '비건(완전 채식주의자)'이라고 불리며 일상생활에서 기후변화를 조장하는 행위를 거부해 육류나 유제품, 동물 가죽을 소비하지 않으며 채식을 하고 식물 소재를 이용하려고 한다.

예를 들면 브라질에서는 대두를 생산하기 위해 많은 관목지와 열대우림을 농장으로 전환했다. 대두 중 상당수는 가축 사료로 사용되며 앞으로도 육류 수요가 늘어날 전망이지만, 가축 사육에 필요한 사료는 가축의 종류에 따라 당연히 다르다. 쇠고기의 가식부(可食部, 식품 중 식용이 가능한 부분 - 옮긴이)를 1kg 생산하려면 대두 20kg이 필요하다. 돼지고기 생산에는 7.3kg, 닭고기는 4.5kg, 달걀도 2.8kg이 필요하다(도표 3-3).

즉 축산업계에서는 단백질 성분인 대두를 이용해 같은 단백질 성분인 식육류와 달걀을 더 적게 생산하는 비효율적인 현상이 일어나고 있다는 말이다. 그렇다면 고기를 생산하는 대신 사료로 쓰던 대두를 인간이 먹으면 된다. 그렇게 하면 훨씬 많은 식량을 소비할 수 있다. 채식주의자들은 그렇게 생각하고 있다.

3-3 가식부 1kg 생산에 필요한 대두 양과 CO_2 배출량

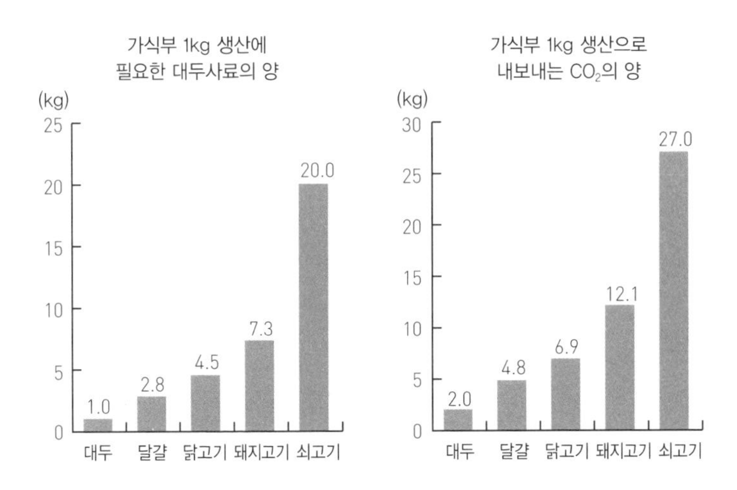

출처: 사료는 Smil, Vaclav "Enriching the earth" MIT Press (2004년), CO_2 배출량은 EWG "Climate and environmental impacts" (2011년, 접속일 2019년 12월 31일)를 근거로 저자가 작성함

대체육이 거대 시장으로

식량 생산의 효율성 외에도 대두를 그대로 먹으면 이산화탄소 배출을 줄일 수 있다는 장점이 있다. 가식부 1kg을 식탁에 올리기까지 필요한 가축의 사육, 가공, 물류 공정 등 일련의 공정에서 배출되는 이산화탄소의 양을 살펴보면 쇠고기는 대두의 13배, 돼지고기는 6배, 닭고기도 3.5배나 많다.

특히 소는 주식인 풀을 소화하기 위해 위장에 혐기성세균이 존재한다. 이 세균은 풀을 분해하는 과정에서 메탄가스를 발생하는데 이것은

트림과 방귀로 배출된다. 그래서 이산화탄소 배출량이 늘어난다. 이런 점에서 육식은 대두를 낭비하고 불필요한 이산화탄소를 배출하는 측면이 있다.

이런 배경에서 2장에서 소개했듯이 대두 등의 식물성 재료를 활용한 대체육 연구가 활발하게 진행되고 있다. 2019년 비욘드미트(Beyond meat)라는 미국의 대체육 스타트업이 나스닥에 상장했을 때는 첫날 주가가 1.6배나 상승해 화제가 되었다. 마찬가지로 대체육 스타트업인 미국의 임파서블푸드(Impossible Foods)와 잇저스트(EatJust), 홍콩의 옴니포크(Omnipork) 등도 유명하다.

참고로 비욘드미트는 미국의 대형 식품업체 제너럴 밀즈와 축산기업인 타이슨 푸드의 출자를 받았다. 미국의 곡물회사인 카길도 2020년에 대체육 분야에 뛰어들면서 단숨에 거대 시장으로 발전했다. 켄터키프라이드치킨이나 스타벅스 등의 대형 외식업체도 미국과 중국에서 이미 대체육 제품을 취급하고 있다. 기후변화라는 무거운 주제를 앞에 두고 식품 관련 기업은 육류에서 대체육으로 전환하는 것을 고려하고 있다.

물론 어떤 사람들은 고기를 먹고 싶어 한다. 고기는 단순한 영양소 섭취원이 아니라 '식문화'라는 의견도 있다. 영양학이나 환경효율이라는 관점만으로 고기에서 대체육으로 바꿀 수는 없다는 사람들도 분명히 있을 것이다. 그렇다면 육식 문화를 유지하겠다는 사람은 고기를 생산해서 일어나는 산림 훼손과 이산화탄소 배출을 줄이려고 한층 더 노력해야 할 것이다.

고기를 먹는 문화를 앞으로도 향유하려면 기업과 소비자의 적극적인 협조가 필요하다. 예를 들면 바다고리풀이라는 해초를 사료에 섞어서 먹인 소는 메탄가스 트림과 방귀가 적다는 사실이 밝혀져 축산관계자들이 연구 중이다. 육식 문화를 이어 가기 위해서는 가공과 유통 과정에서 육류 낭비와 식량 손실을 막는 것이 필수이다.

종이와 나무젓가락 사용 금지로는 해결할 수 없다

나무를 사용하지 않으면 숲이 죽는다

산림 훼손을 막기 위해 페이퍼리스(종이 사용량을 줄임)를 실행하고 일회용 젓가락 사용을 금지해야 한다는 이야기는 예전부터 있었다. 아마존과 인도네시아의 열대우림에서는 목재와 종이를 구하기 위한 산림 벌채가 여전히 진행 중이다. 천연림을 보호하려면 숲을 그대로 두는 편이 좋고 종이와 목재 사용을 중단하는 것이 이치에 맞다.

하지만 일본의 산림은 꼭 그렇지만은 않다. 나는 예전에 일본 산림 보호에 열정적인 분에게 "환경활동가는 숲을 지키기 위해서 종이와 목재 사용을 줄여야 한다고 하네요."라고 말한 적이 있다. 그분은 "그런 말을 한다고요? 그렇게 하면 숲이 죽어 버려요."라고 놀라워했다. 일본은 나무를 사용하지 않으면 숲이 죽어 버리는 상황이기 때문이다.

이 이야기의 핵심은 천연림과 인공림의 산림보존 활동은 그 내용이 전혀 다르다는 점이다. 일본도 예전에는 천연림을 살리는 형태로 임업을 운영했다. 19세기 에도시대의 일본 임업을 세계의 교본이라고 부르기도 했다. 그러나 전국이 황폐해진 2차 세계대전 이후, 주택 재건에 필요한 목재를 대량으로 확보하기 위해 정부는 일본의 숲을 삼나무를 심은 인공림으로 바꾸는 정책을 추진했다. 그 결과 꽃가루 증후군에 관한 뉴스 등에서 들은 적이 있겠지만 일본의 산은 삼나무로 가득 찼다. 현재 일본의 인공림 면적은 전체의 약 40%를 차지하며 그 절반이 삼나무인 불균형한 상태가 되었다(도표 3-4).

3-4 일본의 천연림과 인공림

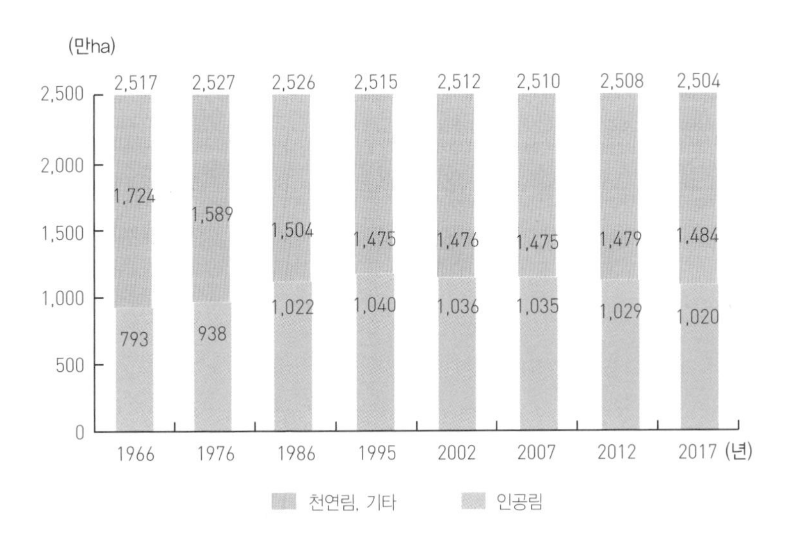

출처: 일본 임야청 〈산림자원 현황〉
https://www.rinya.maff.go.jp/j/keikaku/genkyou/h29/attach/pdf/2-1.pdf

하지만 비극은 거기서 끝나지 않았다. 삼나무를 심고 나서 십몇 년 뒤, 원래는 목재로 사용될 예정이던 삼나무가 전혀 활용되지 못하고 방치되었다. 동남아시아 등지에서 수입해 오는 목재 가격이 훨씬 저렴해서 일본산 삼나무의 경제가치가 사라졌기 때문이다.

일단 인공림으로 만들어 버린 산은 천연림과는 달리 사람 손으로 관리를 해 줘야 한다. 불필요한 가지를 쳐서 사이를 만들어 주고 한 그루, 한 그루의 삼나무를 키워 나가지 않으면 산에는 말라비틀어진 삼나무가 무성해진다. 그러면 뿌리가 토양에 충분히 내리지 못해 산사태가

3-5 인공림의 영급 구성의 변화

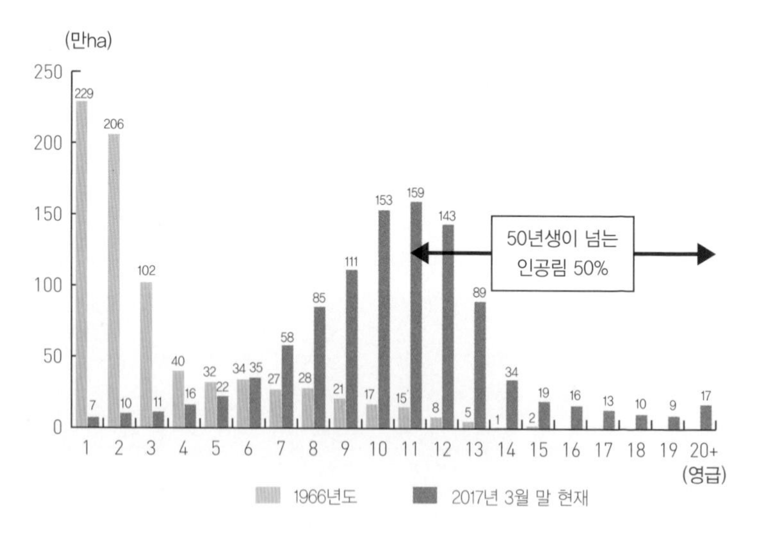

(주) 영급은 숲나이를 5년의 폭으로 묶은 단위. 묘목을 식재한 나이를 1년으로 하여 1~5년을 1령급으로 센다.

출처: 일본 임야청 〈산림자원 현황〉 (2017년 3월 31일 기준), 〈일본의 산림자원〉 (1968년 4월)

쉽게 일어난다. 보수력(保水力)도 떨어지므로 폭우로 인한 홍수가 쉽게 일어난다.

그러나 경제적 가치가 사라져 임업을 유지할 수 없게 되면서 삼나무가 우거진 일본의 인공림을 아무도 관리하지 못했다. 인공림은 식목한 지 약 50년이 지나면 본격적으로 관리를 해 줘야 한다. 지금 일본의 인공림 중 70%가 수령 50년을 맞이했다(도표 3-5).

인증 목재를 사용하는 시스템

숲은 본래 자연재해로부터 사회를 지켜 주는 역할을 한다. 그러나 바짝 마른 일본의 인공림은 그 힘을 잃었다. 한편으로 향후 기후변화로 인해 폭우와 태풍뿐 아니라 지진도 예상되기 때문에 산사태가 날 위험성은 오히려 증가했다. 일본의 인공림은 점점 방치하면 안 되는 상황이 되었다.

결국 일본정부는 2024년부터 매년 전 국민에게 산림환경세를 1,000엔씩 징수하는 법률을 2019년에 제정했다. 경제적 가치를 잃은 인공림을 관리하려면 국가 예산으로 필요 자금을 확보해야 하기 때문이다. 하지만 본질적인 해결책은 경제적 가치를 잃은 인공림이 다시 경제적 가치를 회복해 임업을 영위하면서 숲을 관리하는 것이다. 임업사업자도 그렇게 하기를 바란다. 경제적 가치를 되찾으려면 일본산 삼나무와 두 번째로 많은 일본산 편백을 유효하게 활용하는 용도를 개발해 기업과 소비자들이 적극적으로 사용하게끔 해야 한다.

목재 소비에 관해 단정적으로 말할 수 없는 것은 바로 이런 이유에서다. '적극적으로 사용해라' 또는 '절대로 사용하지 마라'라고 하면 간단하지만, '적절한 것을 적당히 사용하라'는 말은 사용자를 혼란스럽게 한다. 그 목재가 천연림에서 왔는지, 인공림에서 왔는지 일반인은 구별할 수 없기 때문이다.

그래서 중요한 것이 적극적으로 사용해도 되는 것에 '표식'을 하는 것이다. 즉 목재도 인증제품을 유통하는 것이 중요하다. 목재 분야의 인증은 독일 본에 본부가 있는 산림관리협의회의 'FSC(Forest Stewardship Council) 인증'과 스위스 제네바에 본부를 둔 PEFC평의회의 'PEFC(Programme for the Endorsement of Forest Certification) 인증'이 유명하다. 이것은 산림관리가 환경과 노동 기준을 충족하고 있는지 심사한다. 유럽의 글로벌 기업은 인증 목재만 사용하는 움직임을 확산하고 있다. 예를 들면 세계 최대의 유통업체 월마트는 인증 목재로 만들지 않은 종이는 사용하지 않는다.

하지만 일본에서는 지속 가능한 산림관리를 증명하는 FSC 인증이나 PEFC 인증을 취득한 산림 면적은 8%에 불과하다.[3] 독일에서는 78%, 스웨덴은 102%, 캐나다는 54%, 미국도 15%인 점을 생각하면 일본의 취득면적률이 무척 낮다는 것을 알 수 있다(FSC와 PEFC의 중복 인증도

---

3 일본 임야청 〈2016년 산림 · 임업백서 전문〉

있으므로 합계가 100%를 넘을 수 있다).

인증취득에 관해 '인증이 전부는 아니다. 인증을 취득하지 않아도 일본에서는 건전한 임업을 할 수 있다'는 반론도 있을 것이다. 하지만 건전함을 증명하는 표식이 붙어 있지 않으면 적극적으로 활용해야 하는 목재를 판별할 수가 없다. 해외의 대기업이 인증하지 않은 목재를 사용하지 않겠다는 움직임이 확산되는 가운데, 일본의 목재가 인증을 취득하지 않으면 국제적 경쟁력은 한층 약해지기 마련이다. 인증이 전부가 아닌 것은 맞지만 일본의 임업관계자들 중 현 상태에 만족해도 된다고

3-6 1990~2020년의 연간산림 면적의 변화

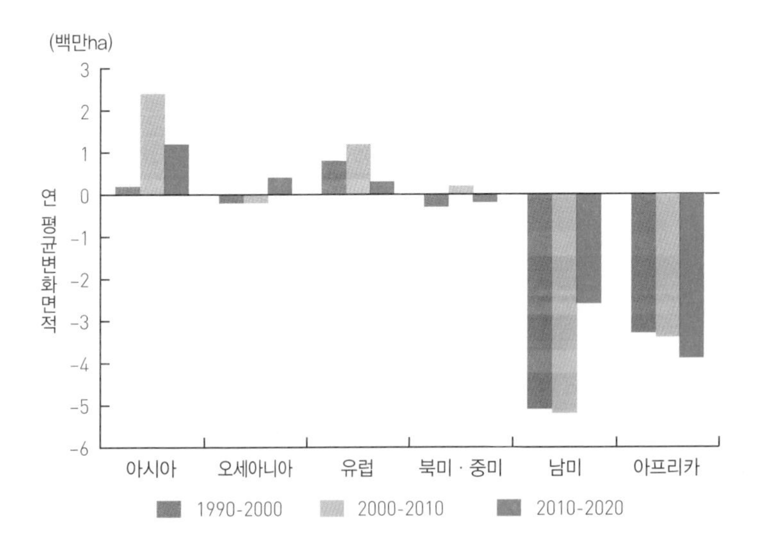

출처: FAO "Global Forest Resources Assessment 2020"을 바탕으로 저자가 번역함

생각하는 사람은 거의 없다. 일본도 인증제도를 적극 활용할 필요가 있다.

산림 분야에서 밝은 이야기도 있다. 유엔식량농업기구(FAO)의 보고서[4]에 따르면, 기업과 NGO, 정부가 산림 훼손 방지를 추진한 덕분에 세계 전체의 산림은 감소하고 있지만 감소폭이 과거 10년간 줄어들었다(도표 3-6). 아시아에서는 중국의 대규모 식목 정책에 힘입어 산림 면적이 늘어났고 오세아니아도 플러스로 전환했다. 남미에서도 감소폭이 크게 줄어들었다.

그러나 아프리카에서는 여전히 산림이 사라져 없어지고 있다. 또한 호주, 미국 캘리포니아주, 남미 아마존 지역은 어렵게 개선해 왔지만 2019년에 대형 화재가 발생해 세계의 앞날에 어두운 그림자를 드리우게 되었다. 확실히 기업의 노력으로 인위적인 산림 훼손은 억제할 수 있었을 것이다. 하지만 기후변화라는 새로운 과제로 인해 산림 소실이 확대할 가능성은 오히려 커지고 있다.

---

4 FAO "Global Forest Resources Assessment 2020"

제 4 장

식탁에서 생선이 사라지는 날

세계의 현실

일본 근해에서 절반 이상의 해양 어종이 멸종 위기에 처해, 가정의 식탁 위에 오르지 못하는 일이 현실이 되었다.

포화상태인 어업

전 세계에서 일어나는 어획량 감소

이변은 바다에서도 일어난다. 예를 들면 최근 꽁치나 전갱이의 어획량이 줄었다는 뉴스가 늘었다. 참치 어업에 관해서는 결국 국가별 어획량을 제한하기로 했다. 장어 가격이 급등해 각지에서 오래되고 유명한 장어 가게들이 문을 닫는 일도 늘어났다.

일본의 어획량만 감소한 것이 아니다. 세계의 최신 통계를 보면 2015년에서 2017년까지 3년 동안 중국, 한국, 대만, 필리핀, 페루, 캐나다, 아이슬랜드 등의 어획량도 감소했다. 모두 어업이 왕성한 지역이다. 실제로 전 세계의 어획량은 1995년에 정점을 찍고 그 이후 횡보 추세를 보인다. '건강식 붐', '종교상의 이유로 인한 육식 금지', '일본식 붐', '저렴한 초밥집'이라는 말과 함께 세계적으로 해산물의 수요가 커지고 있지만 해가 갈수록 공급을 확보하기가 어려워지고 있다.

앞으로 세계는 기후변화의 영향을 받아 곡물 생산량이 감소할 것이다. 또 고기도 사료 생산 면적을 확대하기 어려워져 과거만큼 생산량을 증대할 수 없게 된다. 그러면 해산물로 단백질을 확보해야 한다는 목소리가 당연히 나온다. 그렇다면 지금 수산업은 어떤 국면을 맞이하고 있을까? 그리고 해산물의 미래는 어떻게 될까?

세계적으로 증가하는 소비량

일본은 예전에 해산물 소비 대국이었다. 일본 근해에는 풍부한 어장이 많아서 어업이 활발했다. 그 때문에 일본인은 동물성 단백질을 해산물로 섭취해 왔다. 제2차 세계대전이 일어나기 전, 일본인은 고기와 유제품을 거의 먹지 않고 해산물만 먹었다. 초밥, 튀김, 회 등 일본을 대표하는 음식에 해산물이 많이 등장하는 것은 그 때문이다.

하지만 전쟁이 끝난 후 육식 문화를 접하면서 육고기 소비량이 급증했다. 그와 동시에 젊은 세대를 중심으로 해산물 소비가 줄어서 1995년을 정점으로 해산물 소비량은 크게 감소하기 시작했다. 일인당 연간 해산물 소비량도 2001년 40.2kg을 최고점으로 2017년에는 24.4kg으로 60% 수준까지 떨어졌다. 그래도 일본에서 고기 소비량이 해산물을 추월한 것은 2010년으로 생각보다 오래되지 않았다. 다른 선진국에 비해 일본과 한국은 여전히 동물성 단백질 섭취량에서 어패류의 비율이

월등히 높다.

일본에서는 해산물 소비량이 줄었지만 세계적으로는 해산물 소비량이 늘고 있다(도표 4-1). 해산물 생산은 어획과 양식업으로 이루어진다. 1970년경까지 해산물은 어획을 통한 자연산이 대부분이었지만 점점 세계의 왕성한 해산물 수요 증가에 어획만으로는 감당할 수 없게 되었다. 그래서 양식업이 급속도로 확산되었다. 1995년 어획생산량은 마침내 정점에 도달했고 현재까지 제자리걸음을 하고 있다. 물론 그동안에도 수중음파탐지장비(SONAR) 등 해양 장비를 개발해 어업생산량을 늘

4-1 세계 전체의 해산물 생산량

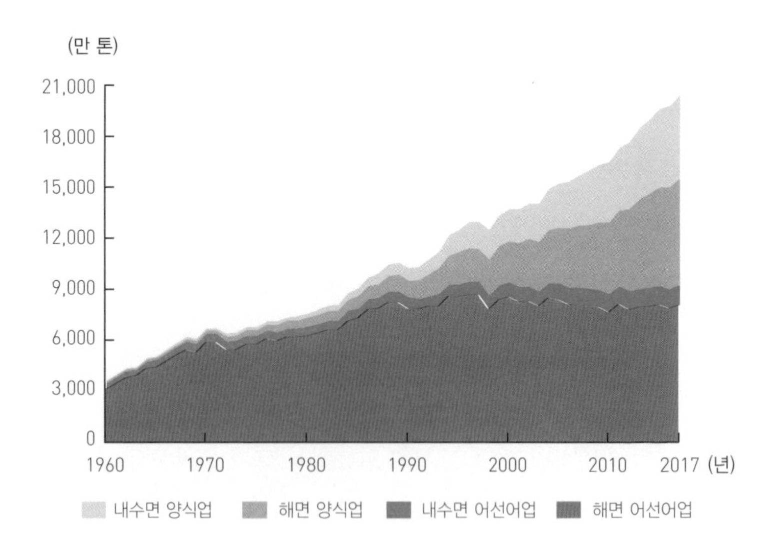

출처: 일본수산청 〈2018년도 수산백서〉, 원 데이터는 FAO FISHSTAT

리기 위한 대책을 마련하기도 했지만, 경쟁 어선을 이길 수 있을 뿐 전체 어업량을 증대시키진 못했다.

양식이 주연으로 바뀌다

한편 왕성한 수요를 지탱해 주기 시작한 양식업은 결국 조연에서 주연으로 탈바꿈하고 있다. 2017년에는 자연산과 양식의 생산량이 거의 비슷한 수준이 되어 양식이 과반수를 차지하는 시대를 맞이했다. 특히 해면 양식업이 급속히 늘었다. 얼마 전 긴키대학(近畿大學)이 참치 완전 양식에 성공해 화제가 되었는데, 실제로는 전 세계에서 다양한 어종을 양식하는 기법이 개발되고 있다.

국가별 어획량과 양식 생산량을 보면 과거 수십 년 동안 무슨 일이 있었는지 잘 알 수 있다(도표 4-2). 전체적인 어획량은 1995년에 정점을 찍었지만 나라별로는 크게 변화하고 있다. 과거에는 일본과 페루가 어업 대국이었다. 특히 일본은 1991년까지 한때를 제외하고 어획량 1위의 자리를 지켰다. 그러나 일본의 어업을 지탱해 준 근해어업(10~20해리 떨어진 곳에서 며칠간 하는 어업 - 옮긴이)이 그 뒤 쇠퇴해 2017년에는 정점에서 72%나 떨어졌다. 마찬가지로 페루도 급등락을 반복하더니 지금은 일본과 비슷한 수준으로 내려앉았다.

4-2 국가별 어획량 추이

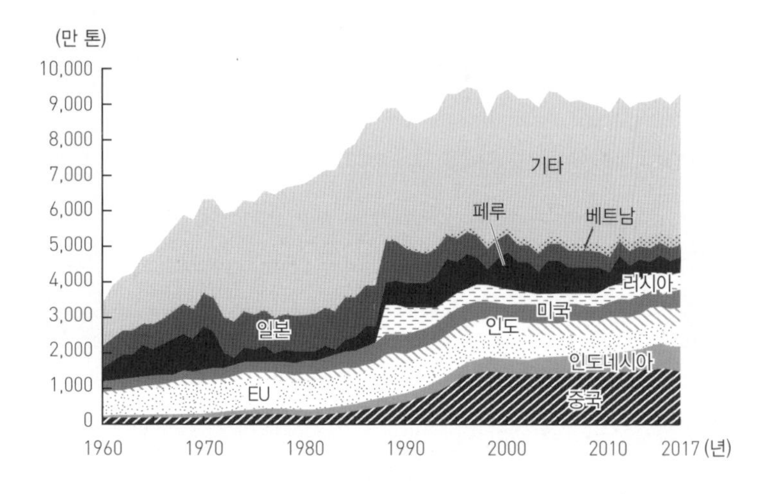

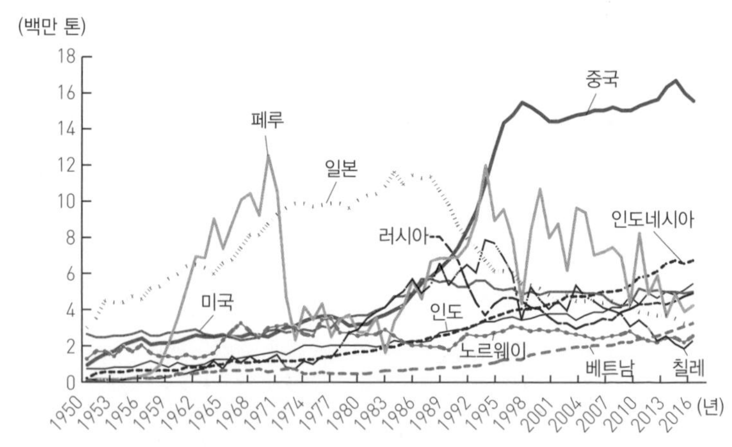

출처: (위) 일본수산청 (2019년) 작성. 원 데이터는 FAO FISHSTAT
(아래) FAO FISHSTAT를 근거로 저자가 작성함

4-3 양식 생산량 추이

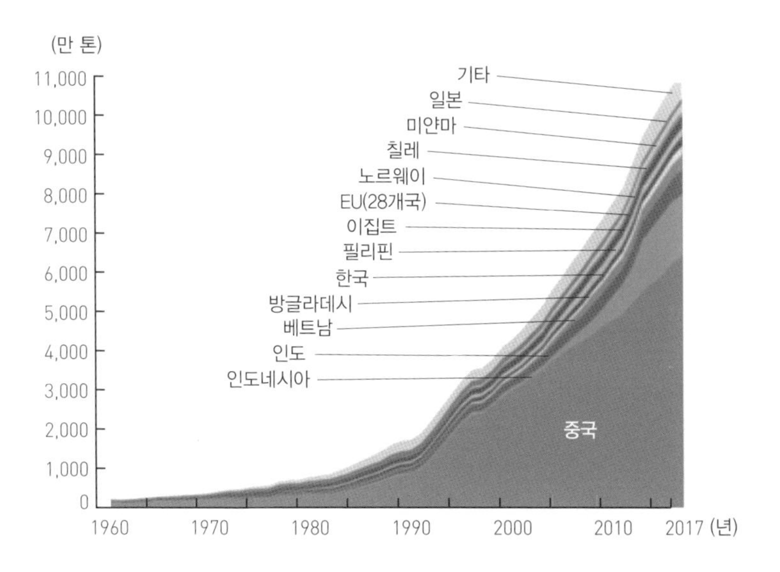

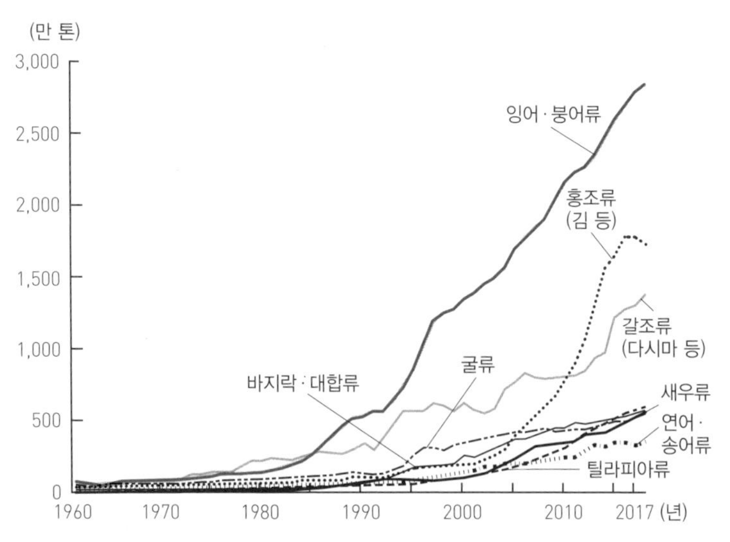

출처: FAO FISHSTAT를 근거로 일본수산청 작성

반대로 중국과 인도네시아, 인도, 베트남 등 아시아 신흥국의 어업은 급성장했다. 도표에는 없지만 필리핀, 말레이시아, 태국도 근래 어업량을 크게 증대해 어획량 20위 안에 들어왔다. 특히 중국은 1950년에 비해 2017년에는 어획량이 18배가 되어 세계에서 압도적인 존재감을 드러내고 있다. 그런 중국도 1995년 들어 성장폭이 둔화하더니 감소 추세로 전환했다.

국가별 양식업 동향은 더욱 쉽게 파악할 수 있다(도표 4-3). 양식업은 줄곧 중국 독주 체제를 유지하고 있다. 과거 20년간의 어패류 생산의 성장은 거의 중국 한 나라에 의해서 유지되어 왔다. 중국에서 양식하는 어종은 잉어와 붕어가 가장 많으며 김과 다시마, 굴, 바지락과 대합, 새우, 연어와 송어가 그 뒤를 잇는다. 모두 일본에서도 즐겨 먹는 식자재다.

어획과 양식 두 분야에서 모두 일인자의 지위를 누리고 있는 중국. 비단 일본인뿐 아니라 해외에서도 해산물 요리 하면 일본이라고 인식하지만, 실은 해산물 문화가 퍼질수록 중국에 대한 의존도가 커지는 구도로 굳어 가고 있다.

어획량의 포화 원인은 자원량 감소

어종의 90% 이상이 남획 상태

자연어업은 자연 번식으로 증가한 해산물을 우리가 감사히 받는 것이다. 물고기의 수(개체 수)가 충분한 상황에서는 매년 번식하는 수도 많기 때문에 물고기 수의 감소를 염려하지 않고 어업을 할 수 있다. 하지만 일단 물고기 수가 줄어들면 자연 번식으로 개체 수를 회복하는 데 시간이 걸린다. 그리고 회복하는 것보다 많이 고기를 잡으면 그 어종은 멸종한다. 따라서 어업을 지속적으로 하려면 당연히 어패류의 수를 고려해야 한다. 물고기는 매년 자라면서 커지기 때문에 전문가는 실제로는 개체 수가 아닌 중량으로 물고기의 양을 파악하려 노력한다. 전문가들은 그 존재량을 '자원량'이라고 부른다.

그렇다면 대체 어느 정도의 양을 잡아도 될까? 그것을 판단하려면 바다와 강에 존재하는 자원량을 파악해야 한다. 다만 실제로 물속에 서식하는 개체를 한 마리씩 세고 그 개체의 무게를 측정하는 것은 불가능하다. 그러므로 세계의 과학자들은 해역을 한정해서 샘플 조사를 하면서 통계적으로 전체 자원량을 추계하는 방법을 채택하고 있다. 이 같이 자원량을 파악하는 작업은 무척 과학적이다.

자원량을 파악한 다음에는 번식 수와 성어가 되는 연수 등을 고려해 어획이 가능한 한계량을 산출한다. 이 한계량을 최대 지속 생산량(MSY; Maximum Sustainable Yield)이라고 한다. 전문가는 현재 어획량이 MSY를 넘어섰는지, MSY 미만인지 파악해 자유롭게 어획을 해도 될지 아니면 제한해야 할지 판단한다.

세계의 어업은 현재 자원량 관리 측면에서 바람직하지 않은 상황이다. MSY를 웃도는 남획 상태에 처한 해산물 종은 1975년 10% 수준으로 적은 편이었지만 지금은 33%까지 증가했다. 반대로 MSY보다 적은 '자원량에 여유가 있는' 어종은 1975년 40%였지만 지금은 10% 이하로 떨어졌다. 즉 대부분의 어패류는 이미 어획 가능한 양을 거의 채우다시피 했으며 상당수 어종은 그 선마저 넘어 남획 상태에 놓여 있다(도표 4-4).

4-4 어획량과 MSY

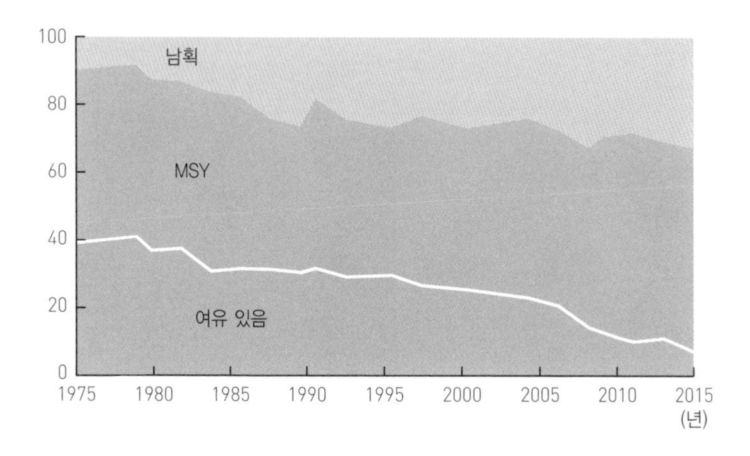

출처: FAO "2018 the state of the world fisheries and aquaculture"를 근거로 저자가 번역함

방치된 일본의 어업

특히 남획이 심해진 나라는 일본이다. 일본은 쇠퇴하는 어업을 어떻게든 부양하기 위해 정부가 어업사업자를 통제하는 정책을 피하고 어획 '제한'이라는 규제를 실행하지 못했다. 그 결과 자원량이 위험한 상태까지 감소했다. 2018년 자원량이 충분한 '고위'로 평가받은 종은 전체의 17%에 불과하다. 반대로 '저위'가 49%로 절반을 차지한다(도표 4-5). 예를 들면 자원량이 '저위'로 분류된 어종에는 임연수, 명태, 생참복, 가자미, 갯가재, 금눈돔, 까나리, 갈치, 참고등어, 창오징어 등이 있다.

4-5 자원량 변화(고위·중위·저위)

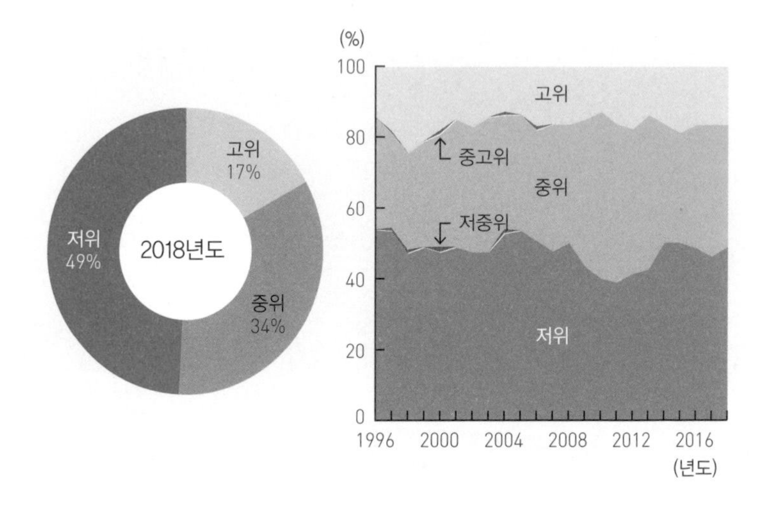

㈜ 2018년도 자원평가대상 어종 50어종 84계군
출처: 일본수산청 〈2019년도 수산백서〉

자원량이 MSY보다 낮으면 어획량을 규제하여 자원량을 회복하려고 하는 것이 일반적이다. 일본 정부도 1996년, 어획량을 규제하는 TAC법을 제정했다. 그러나 수산청이 규제 대상 어종으로 선정한 것은 전갱이, 참고등어·망치고등어, 정어리, 꽁치, 금눈돔, 바다참게의 6가지뿐이었다. 후에 오징어를 추가해 7가지가 되었지만 그 외의 어종은 어획량 규제를 하지 않았고, 그 결과 자원량 '고위'에 속하는 어종이 한층 감소했다.

일본 정부는 2018년에야 무거운 엉덩이를 떼고 개정어업법을 제정했다. 자원량을 근거로 한 어획량 규제를 대거 도입하겠다고 한 것이다.

지금 어획량 규제가 적용되는 구체적인 어종은 발표하지 않았지만 '저위'나 '중위'인 어종에 규제를 적용할 것으로 예상된다.

또 별도로 국제조약에 의해 어획량과 거래를 규제하는 어종도 늘고 있다. 대표적인 것이 장어, 참치, 가다랑어이다. 모두 일본에서 많이 먹는 어종인데 이미 자원량이 심각하게 감소한 상태이며 멸종 가능성도 있다고 지적된다.

규제 대상이 된 장어

장어는 일찍부터 국제규제 대상이 되어 거래가 대폭 제한된 어종이다. 워싱턴협약은 멸종위기에 처한 동식물의 국제 상거래를 제한하는 국제협약이다. 영어로는 정식명칭의 머리글자를 따서 CITES(Convention on International Trade in Endangered Species of Wild Fauna and Flora)로 표기한다. 3년에 한 번 열리는 이 협약은 부속서 1, 2, 3으로 구분되는데 2로 지정된 동식물은 수출할 때마다 수출국 정부의 수출 허가증을 제출해야 한다. 또 부속서 1로 지정되면 상업목적을 위한 국제거래를 원칙적으로 금지하고 학술 목적으로 거래할 때는 수출국과 수입국, 양국 정부의 수출입 허가증을 매번 제출해야 한다.

식용 장어에는 일본산 장어, 유럽산 장어, 미국산 장어, 인도네시아산(비카라종) 장어가 있는데, 그중 유럽산 장어는 2007년 협약국 회의에서 부속서 2로 지정되어 2009년부터 국제거래가 규제되었다. 유럽산 장어의 원산지는 유럽이지만 중국을 거쳐 일본으로도 잡어(장어 치어)가 대량으로 수출되었기 때문에 일본 내 장어 소비가 유럽산 장어의 멸종위기에 일조했다고 할 수 있다.

워싱턴협약의 부속서 지정은 정부와 환경 NGO로 구성된 환경단체인 국제자연보전연맹(IUCN; International Union for Conservation of Nature)이 멸종위기종을 결정하는 내용에 상당한 영향을 받는다. IUCN은 4년에 한 번 총회를 개최하지만 멸종위기종을 지정하는 멸종위기등급마크(Red List)는 매년 발표한다. 멸종위기종은 엄밀하게는 심각한 위기(Critically Endangered)・위험(Endangered)・취약(Vulnerable)의 3단계로 구분한다(도표 4-6).

레드리스트는 순수한 과학적 분류이므로 여기에 지정된다고 해서 보호 의무나 거래금지 규정이 발동되는 것은 아니다. 거래에 관한 규정은 워싱턴협약이 판단한다. 하지만 레드리스트에서 '심각한 위기'나 '위험'으로 지정된 동식물종은 워싱턴협약 부속서 1 또는 부속서 2의 지정 대상이 될 가능성이 크다.

불법 어업과 밀수 장어가 과반을 차지한다

장어 이야기로 돌아가자. 일본 장어, 미국 장어, 비카라종 3종은 지금은 워싱턴 협약 부속서에 지정되어 있지 않다. 하지만 미국 장어는 2013년, 일본 장어는 2014년 IUCN에 의해 멸종위기종 위에서 두 번째

4-6 IUCN의 레드리스트 분류

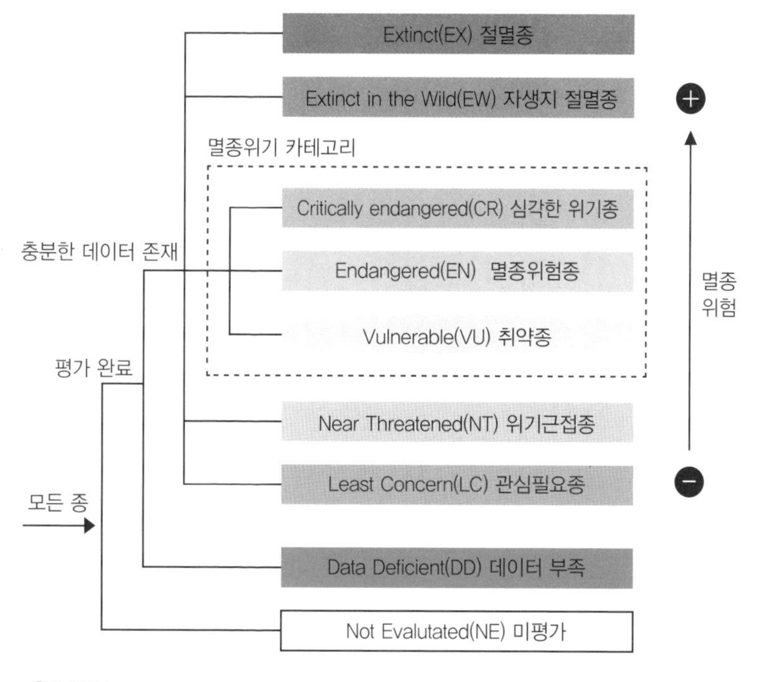

출처: IUCN

카테고리인 '멸종위험종'으로, 비카라종도 2014년에 '위기근접종'으로 지정되었다. 이것도 역시 일본의 장어 요리용으로 대량 소비된 것과 크게 관련이 있다. 그 결과 이 3가지 장어도 언제든 워싱턴협약으로 상거래가 금지되어도 이상하지 않은 상태다. 지정이 되면 당연히 외식업체나 마트에서 장어를 사거나 먹을 수 없게 된다.

실제로 전쟁이 끝난 후의 일본은 장어가 바닥난 상태였다(도표 4-7). 먼저 1961년에는 일본의 자연산 어획량이 3,377톤이나 되었지만 2018

4-7 일본의 장어 생산량과 수입량

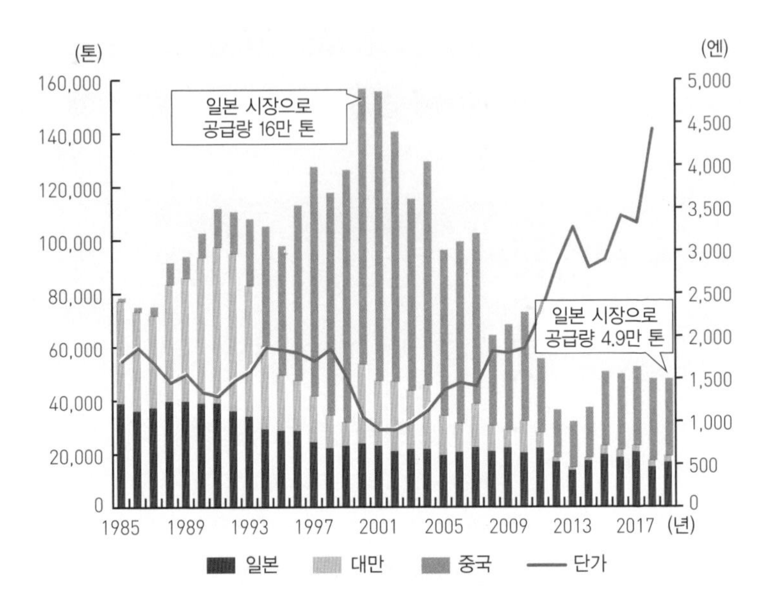

출처: 일본양식어업협동조합연합회

년에는 78톤까지 줄었다. 마구잡이식 어업으로 개체 수가 감소했기 때문이다. 그래서 일본은 장어의 치어를 잡아서 양식하는 방법으로 활로를 찾아 1956년 4,900톤이던 양식이 전성기인 1985년에는 4만 1,000톤으로 거의 9배가 증가했다. 일본의 왕성한 수요를 감지한 대만과 중국도 양식으로 키운 유럽산 장어를 일본으로 수출하는 추세가 늘었다. 2000년에는 수입량만으로 13만 톤이나 되었다.[1]

---

1 일본수산청 〈장어에 관한 정보〉 (접속일 : 2020년 6월 8일) https://www.jfa.maff.go.jp/j/saibai/unagi.html

하지만 그 후 장어의 유통량은 급속히 감소했다. 먼저 유럽산 장어가 워싱턴협약 부속서에 지정되어 수출 규제 대상이 된 데에 이어 대만과 중국의 장어 치어가 감소해 수입산이 급감했다. 엎친 데 덮친 격으로 일본의 국내양식도 장어 치어를 수입산에 의존했으므로 당연히 개체 수가 줄었다. 특히 2007년에 대만이 장어 치어 수출을 자체 금지한 것이 컸다. 그러자 장어의 희소성이 커져 가격이 급등했다.

그래도 음식점과 마트에는 장어를 판다. 그 장어는 어디서 온 것일까? 먼저 국내양식용 장어 치어 포획량은 1957년에는 207톤이었지만 2018년에는 9톤으로 줄었다.[2] 그 때문에 국내에서 포획한 것만으로는 수요를 충당할 수 없어서 홍콩에서 대량으로 수입하고 있다. 어떤 해는 수입한 장어 치어가 국내산보다 많을 때도 있다.

그런데 홍콩에는 장어 치어가 상류로 올라가는 강이 없다. 당연히 홍콩에 장어 치어가 있는 것 자체가 이상하다. 그렇다면 어떻게 홍콩에서 장어 치어를 수입한 것일까? 대만에서 수출 금지된 장어 치어가 홍콩에 밀반입된 후 일본으로 수입되는 불법 경로로 거래된다.

일본 안에서 포획하는 장어에도 문제가 있다. 일본수산청은 2014년에야 국내 양식업을 관리하기 시작했고 2014년(10월)에는 장어 치어 양식지 입하 수량 보고를 의무화하여 2015년에 장어 치어 양식지 입하 제한 제도를 도입해 수량을 제한했다. 그럼에도 일본에서 불법 밀렵 사

---

2 일본수산청 〈장어에 관한 정보〉 (접속일 : 2020년 6월 8일)
https://www.jfa.maff.go.jp/j/saibai/unagi.html

건이 다수 적발되고 있으니 안타까운 일이다.

그러면 일본 국내 양식을 위해 양식장에 투입된 치어 중 불법 경로로 들어왔을 가능성이 있는 수입산과 일본 국내 밀렵의 비율은 어느 정도일까? 전국적으로 보고된 장어 치어의 양식장 투입량 중 일본이 특별 허가한 국내 포획량 비율은 많게는 2017년 42.9%, 적게는 2019년 14.5%밖에 되지 않는다.[3] 다시 말해 나머지 60~80%의 양식 장어는 실은 밀렵과 밀수 장어일 가능성이 크다는 뜻이다. 이것이 일본의 장어 유통 실태다.

---

3 일본수산청 〈장어를 둘러싼 상황과 대책에 관하여〉 (2021년, 접속일 : 2021년 7월 31일) https://www.jfa.maff.go.jp/j/saibai/attach/pdf/unagi-65.pdf

자원량을 더욱 악화시키는 요인

바다에도 일어나는 '공유지의 비극'

어업생산량은 1995년경부터 제자리걸음을 보였다. 한편 세계는 향후 인구 증가에 대비해 식량을 증산해야 한다. 하지만 어업생산량은 오히려 감소할 가능성이 점쳐진다. 두 가지 난관이 어업을 압박하기 때문이다.

첫 번째 과제는 국제경쟁이 심화된 것이다. 어업에는 농업과 크게 다른 특징이 있다. 농업은 어느 한 나라에 속하는 토지에서 이루어진다. 따라서 국가가 관리하기 쉽다. 그런데 어업은 꼭 그렇지만은 않다. 어업 중에서도 국제해양법 조약에 의해 자국 연안으로부터 200해리(약 370km)까지 설정할 수 있는 배타적 경제수역(EEZ) 안은 어느 한 나라에 소속된 상태이다. 하지만 배타적 경제수역 밖에 있는 해역은 어느 나라에도 속하지 않는 공해(公海)로 취급하며 원칙적으로 그곳에서는 누구나 자유롭게 어업을 할 수 있다.

또 농업과 달리 어업의 경우에는 물고기가 이동을 한다. 특히 해수어는 드넓은 바다를 헤엄치면서 성장하는 경우가 많으며 태평양과 대서양, 인도양 등 공해를 오간다. 그것이 어업관리를 어렵게 한다.

어패류는 반드시 자원량을 관리해야 하지만, 해수어의 상당수는 각국의 규제가 미치지 못해 치열한 경쟁에 노출된 공해(公海)에 존재한다. 각국 정부는 자국에 속한 해역에서는 자원량과 어업 활동을 적극적으로 관리하지만 공해는 그렇게 할 수가 없다. 어업사업자는 규제가 없는 공해에 있는 생물을 '최대한 많이 잡으려고' 한다. 관리자가 없는 '공해'에서는 이런 식으로 자원량을 의식하지 않는 마구잡이식 어업이 횡행한다.

이렇게 소유자가 없는 자원을 모두 빼앗으려는 상태를 경제학 용어로 '공유지의 비극'이라고 한다. 공유지는 관리자가 없으므로 명확한 규정이 없다. 그러면서 각자가 자신의 몫을 키우려 하니 공유지에서는 남획이 성행한다. '공유지의 비극'은 그런 상태를 가리킨다.

공해상의 어업에 규제를 하려면 국제협약이 필요하다. 이것이 현재 참치와 가다랑어에는 적용된다. 참치는 각지에서 남획에 의한 자원량 감소가 우려되고 있으며, 1949년 신속하게 동태평양지역의 참치를 관리하는 전미열대참치위원회(IATTC)가 발족했다. IATTC는 애초 미국과 코스타리카, 두 나라 간의 협약이었지만 그 후 가입국이 늘어나 지금은 일본을 비롯한 15개국이 가입해 있다(한국은 2005년 IATTC에 가입했다. - 옮긴이).

그 후 1969년 대서양의 참치를 관리하는 대서양참치보존위원회(ICCAT), 1994년 남극권의 참치를 관리하는 남방참치보존위원회(CCSBT), 1996년 인도양의 참치를 관리하는 인도양참치위원회(IOTC), 마지막으로 2004년 일본 근해를 포함한 서태평양의 참치를 관리하는 중서부태평양수산위원회(WCPFC)가 설립되었다. 이 기구들은 참치에 근접한 어종인 가다랑어도 함께 관리한다.

그러나 참치와 가다랑어, 고래를 제외하고 공해상의 어업규제는 거의 없다시피 하다. 일본 근해에도 꽁치, 대구, 전갱이, 오징어 등 자원량을 관리해야 할 어종이 있지만 국제협약이 맺어질 기미는 전혀 없다. 정부 간 회의가 열리긴 하지만 어획량 설정에 대한 합의가 이뤄지지 못해 규제가 불가능한 상태다. 즉 '공유지의 비극'이 현실로 나타난 것이다.

심각한 IUU 어업 문제

국가가 관리하기 쉬운 배타적 경제수역 안에도 큰 문제가 있다. 최근 국제어업 관련 회의에서 'IUU 어업'이라는 용어가 자주 화제가 되고 있다. IUU는 '불법·비보고·비규제 어업(Illegal, unreported and unregulated fishing)'이라는 뜻이다. 즉 규제에 따르지 않고 밀렵이나 불법조업을 하거나 아예 적절한 어획량 규제가 존재하지 않는 국가 또는 지역에서 이루어지는 어업을 말한다. IUU 어업은 주변 어패류를 씨를 말릴 정도로 잡는 불법 남획 외에도 범죄조직 개입과 강제노동 행위 문제도 지적되고 있다.

실은 세계적으로 IUU 어업으로 잡은 어패류가 버젓이 시장에 유통된다. 현재 세계 어획량의 5분의 1은 IUU 어업으로 잡혔다고 추정되며, 금액으로 환산하면 235억 달러에 이른다.[4] 세계은행에 따르면 이 남획의 영향으로 전체 어업은 매년 830억 달러의 손실이 난다.[5] 현재 세계 인구의 32억 명이 영양원으로 필요한 단백질을 생선으로 섭취하고 있으므로 어획량 감소는 건강과 생명에 직결된 문제이기도 하다.

민간 싱크탱크인 국제조직범죄대책회의 조사[6]에 따르면 IUU 어업 대책이 가장 뒤처진 나라는 중국이며 대만, 캄보디아, 러시아, 베트남이 그 뒤를 잇는다. 일본도 152개국 중 19위로 그리 좋은 상황은 아니다. 몇 년 전에 러시아 정부의 요청을 받고 일본 정부가 러시아의 불법 게잡이 어선이 홋카이도에 입항하는 것을 단속했더니, 일본 내의 게 유통량이 확 준 일도 있었다.

한편 IUU 어업대책이 잘 지켜지는 나라는 벨기에, 라트비아, 에스토

---

4 Agnew et al. "Estimating the worldwide extent of illegal fishing" (2009)

5 World Bank "Giving oceans a break could generate US$83 billion in additional benefits for fisheries" (2017)

6 Global Initiative Against Transnational Organized Crime "The illegal, unreported and unregulated fishing index" (2019)

니아 등 EU 가입국이 많다. EU에는 IUU 어업대책이 미정비된 나라와 지역으로부터 수입을 금지하는 규정도 있다. 최근에는 조사할 필요가 있는 '옐로카드(예비 불법어업국)'로 지정된 대만과 태국의 정부가 EU와 협의해 대책을 추진하면서 2019년 옐로카드 지정이 해제되었다. 2020년 6월 현재 캄보디아 등 3개국에 EU로 수산물 수입을 금지하는 '레드카드'가, 베트남 등 8개국에 '옐로카드'가 발급되었다.

기업과 NGO도 IUU 어업 대책 마련에 나섰다. 구글, 국제해양보호단체인 오셔나(OCEANA), 국제어업 비영리단체인 스카이트루스(SkyTruth)는 2015년에 IUU 어업을 감시하는 단체 '글로벌 어업 감시(GFW; Global Fishing Watch)를 발족했다. 인공위성 데이터와 AI를 조합해 IUU 어업을 감시한다. 어선에 있는 자동식별장치(AIS)가 안전성을 위해 위치정보를 발신하는데, 인공위성으로 이 신호를 감지하면 어선의 행동 패턴과 어구 등을 특정할 수 있다.

또한 각국 당국이 포착한 선박 신호 데이터 등 여러 데이터를 보완하면 각 어선의 움직임을 더 자세히 분석할 수 있게 된다. 이미 미국, 인도네시아, 페루, 코스타리카 당국은 GFW와 연계하고 있다. 유엔식량농업기구(FAO)도 협력하고 있다. 그로 인해 GFW는 이제 국제적인 IUU 어업 대책 기구로 부상했다. GFW는 일본의 어선도 감시하고 있다고 한다.

기후변화가 어업에도 영향을 미치다

기후변화도 어업 상황을 악화시킨다. 기후변화가 어업에 미치는 영향에는 해수 온도 상승과 해양산성화가 있다. 해수 온도 상승은 대기의 평균기온이 상승할 때 바다가 일부 열을 흡수해서 일어난다. 또 해양산성화는 대기 중의 이산화탄소 농도가 올라가 바다가 이산화탄소를 탄산이온이나 탄산수소이온 형태로 흡수함으로써 일어난다. 바다는 열과 이산화탄소를 흡수해서 기후변화의 영향을 완화하는 역할을 한다. 그러나 그만큼 해양 생태계에 영향을 미친다.

해수 온도 상승과 해양산성화가 해양 생태계에 미치는 영향은 아직 명확하게 밝혀지지 않았다. 그 이유는 해류, 각종 이온 농도, 상하대류, 열염순환 등의 메커니즘이 매우 이해하기 어렵고 아직 연구 중이기 때문이다. 게다가 어종별로 미치는 영향을 파악하려면 복잡한 시뮬레이션 모델과 계산이 필요하다.

그래도 과거 수십 년간의 데이터를 보면 해수 온도 상승과 해양산성화가 영향을 주는 연관성이 서서히 드러나고 있다. 예를 들면 일본 근해에도 해류 변화에 따라 어군 이동 경로에 변화가 나타난다. 산호초가 하얗게 변하는 백화 현상도 그에 해당한다. 해양 생태계의 메커니즘 자체를 파악하기는 쉽지 않지만 이미 드러난 과거의 변화를 토대로 미래를 예측하는 모델이 구축되어 있다.

기후변화로 인해 어획량은 얼마나 떨어질까? 기후변화에 관한 정부

간 협의체(IPCC)가 2019년에 발표한 『해양·설빙권 특별 보고서』[7]에는 미래의 어획량 변화에 관한 연구가 소개된다. 그에 따르면 이산화탄소 배출량이 현 수준으로 진행되고 세계 평균기온이 2000년경부터 2.6℃에서 최대 4.8℃ 상승할 경우, 적도에 가까운 열대지역 상당수는 어획 가능량이 25% 이상 감소한다. 특히 어업주요국인 페루, 에콰도르, 인도, 필리핀, 태평양 섬나라와 카리브해 국가들이 영향을 크게 받는다. 이런 지역은 어업으로 생활하는 사람들의 비율이 높으므로 어업의 쇠퇴는 그들의 생활에 직접적인 타격을 줄 수 있다.

반면 해수 온도가 상승해 물고기가 적절한 온도를 찾아서 추운 지역으로 이동해 북극권의 어획량은 늘어난다. 이 점은 밀 재배에 적합한 곳이 고위도지역으로 옮겨 가는 것과 유사하다.

어획량이 많은 해역에는 향후 대폭 어획량 감소가 전망된다. 특히 영향이 큰 것이 영국과 일본 근해다. 최대 어획 가능량은 동해 쪽에서 34.7%, 영국 주변의 북해에서 34.6% 감소한다. 다른 해역에서도 대마도 유역이 6.3%, 태평양 쪽이 17.4% 감소할 것으로 예상된다. 일본은 불충분한 어업관리로 인해 자원량이 위기에 처한 가운데 기후변화가 자원량을 한층 감소시키는 힘겨운 상황에 직면해 있다(도표 4-8, 권말부록 278쪽 컬러 그림 확인).

7 IPCC "Special report on the ocean and cryosphere in a changing climate" (2019)

4-8 최대 어획 가능량의 변화

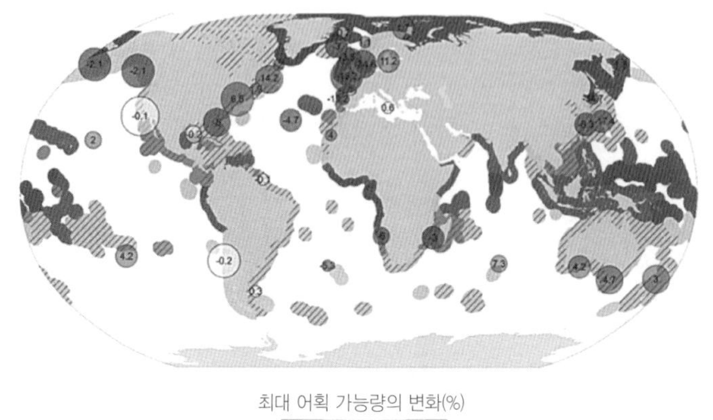

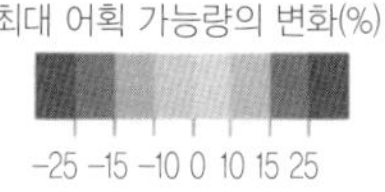

출처: IPCC (2019년)를 근거로 저자가 번역
※ 권말부록 278쪽에서 컬러 그림으로 확인할 수 있다.

플라스틱 오염이라는 새로운 난제

플라스틱 오염도 바다의 생태계를 망가뜨리는 새로운 과제로 부각되었다. 플라스틱 오염은 인간사회가 만들어 낸 플라스틱 제품이 버려져 해양에 유출되고 오염물질이 되는 문제이다. 플라스틱 자체는 이른바 '유해 화학물질'과 달리 생물에게 화학적인 해를 끼치진 않는다. 또 플라스틱을 분해할 수 있는 미생물이 극도로 적어서 몇 년이 지나도 분해되지 않아 플라스틱인 채로 남기 때문에 분해할 때 해로운 부생물을 발생시킬 위험도 적은 편이다. 하지만 이 '분해되지 않아 몇 년씩 플라스틱으로 남아 있는' 점이 플라스틱 오염이라는 특유의 문제를 낳았다.

플라스틱 오염은 크게 두 가지로 분류된다. 하나는 매크로플라스틱에 의한 것이다. 매크로는 '대형'을 의미하는데 비닐봉지를 많이 삼킨 고래나 거북이가 죽은 영상을 본 적이 있을 것이다. 소화되지 않는 플라스틱 제품을 많이 섭취하면 질식하거나 소화불량이 일어날 수 있다.

그 밖에도 폐기된 어망에 거북이나 물고기가 걸려서 죽는 비극도 일어난다. 생태계의 보고인 맹그로브숲에 쌓이는 플라스틱 쓰레기는 맹그로브숲의 서식을 방해한다. 맹그로브숲은 많은 생물의 서식지로서 기능하며 생태계의 보고라고 불린다. 맹그로브숲의 감소는 어획량 감소로 이어진다.

또 하나는 마이크로플라스틱, 즉 미세플라스틱이다. 일반적으로 5mm 이하의 플라스틱을 미세플라스틱으로 정의한다. 미세플라스틱에는 세안제에 함유된 미세 플라스틱제 연마제인 마이크로비즈처럼 처음부터 미세플라스틱으로 생산된 것과 매크로플라스틱이 바다를 떠도는 동안 점점 작아져서 미세플라스틱이 된 것이 있다.

미세플라스틱은 목에 걸릴 위험은 없지만 입으로 들어가면 자연히 몸속으로 들어가 버린다. 그리고 먹이 사슬을 통해 체내에 미세플라스틱이 쌓인 작은 물고기를 큰 물고기가 잡아먹고, 또 그것을 인간이 먹는 흐름으로 우리 인체에도 미세플라스틱이 들어온다. 이미 우리 몸에서도 미세플라스틱이 검출되고 있다. 다른 생물 중에서도 스코틀랜드의 랍스터와 대서양산 굴에서 고농도 미세플라스틱이 검출된 사례가

보고되었다.[8]

미세플라스틱이 인간과 그 외 생물에 얼마나 건강상 해를 입히는지는 아직 확실하지 않다. 미세플라스틱과 건강에 관한 연구를 이제 막 시작한 단계이기 때문이다.

다만 과학자들은 분해되지 않은 미세한 물질이 체내에 쌓이면 소화계와 신경계에 악영향을 미친다는 가설을 세우고 있으며 실험을 통한 실증 연구를 진행하고 있다. 물론 처음부터 인체로 실험할 수는 없으므로 일단 미생물 등을 이용해 실험하는 중이다. 최근에는 미세플라스틱을 섭취한 물고기가 행동 장애를 일으키는 것을 발견한 연구 결과도 나왔다.[9]

플라스틱 오염의 원인이 되는 플라스틱 쓰레기는 다양한 곳에서 발생한다. 바다와 가까운 연안에서 가장 많이 발생하는데 전체의 80%를 차지한다(도표 4-9). 또 내륙에서 강으로 흘러가 바다로 가는 것도 4.5% 정도 있다. 나머지 15.5%는 해상에서 발생한다. 특히 폐기되거나 파손된 플라스틱제 어망이 심각한 오염 원인으로 지적받는다. 어구가 수산자원을 괴롭히는 역설적인 결과가 된 것이다. 관광용 대형 크루즈선이 연비와 선내 공간을 고려하여 쓰레기를 바다에 투척하는 일도 횡행하며 이것도 해상에서 플라스틱 쓰레기가 생기는 원인이 되고 있다.

---

8 FAO "Microplastics in fisheries and aquaculture" (2017)

9 Mattsson, K. et al. "Brain damage and behavioural disorders in fish induced by plastic nanoparticles delivered through the food chain" Sci Rep 7, 11452 (2017)

4-9 해양 쓰레기와 미세플라스틱

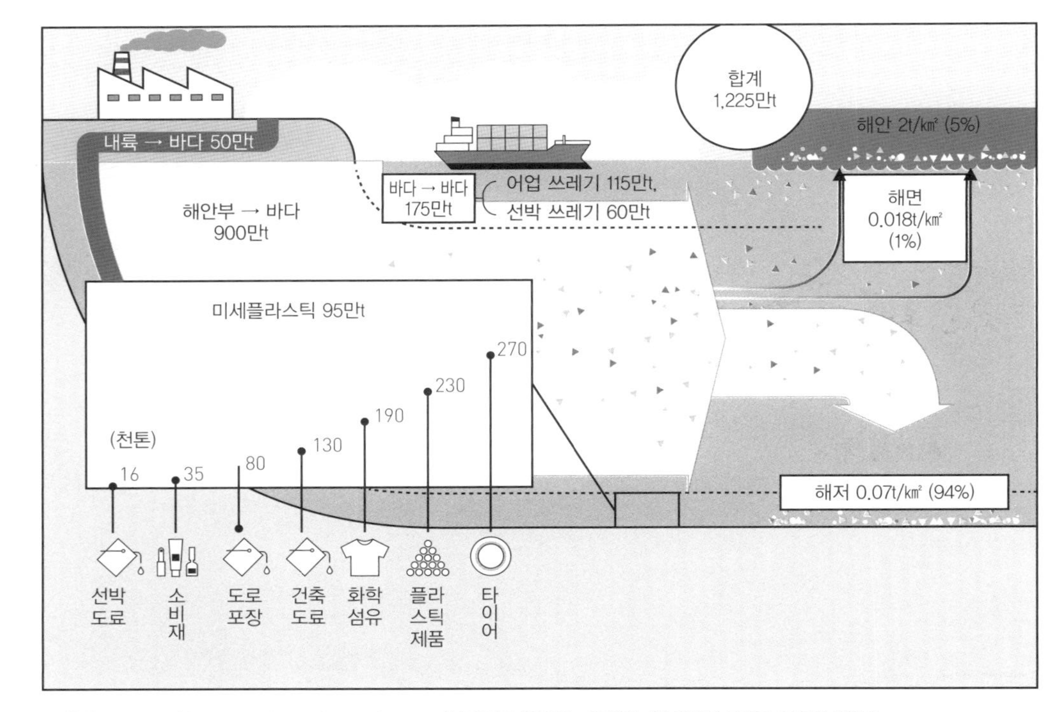

출처: Eunomia "Plastics in the marine environment" (2016년, 접속일 : 2020년 1월 3일)을 근거로 저자가 번역함
https://www.eunomia.co.uk/reports-tools/plastics-in-the-marine-environment

플라스틱 재활용은 발전하고 있는가

플라스틱은 편리한 소재이다. 플라스틱 제품은 1950년경에 등장해 그 후 급속히 보급됐다. 1950년대에 연간 200만 톤이던 생산량은 2015년에는 4억 700만 톤까지 늘었다.[10] 지금 속도라면 경제 성장과 인구 증가로 인해 2050년에는 세계 소비량이 지금의 4배인 18억 톤까지 늘어날 전망이다[11](도표 4-10).

유럽에서는 그중 약 40%가 일회용 플라스틱에서 나온다고 추산한다. 결과적으로 플라스틱을 높은 비율로 재활용해야 하며 EU는 순환경제 실행계획(Circular Economy Action Plan)이라는 정책에서 플라스틱을 생산할 때 재생 플라스틱 소재를 의무적으로 사용하게 하는 규제

10 OECD "Improving Markets for Recycled Plastics: Trends, Prospects and Policy Responses" (2018)

11 Ibid.

도 검토하고 있다. 그러면 플라스틱 제품을 만드는 업체가 자발적으로 플라스틱 쓰레기를 회수할 것이라고 보기 때문이다.

4-10 플라스틱 소비량 (100만t)

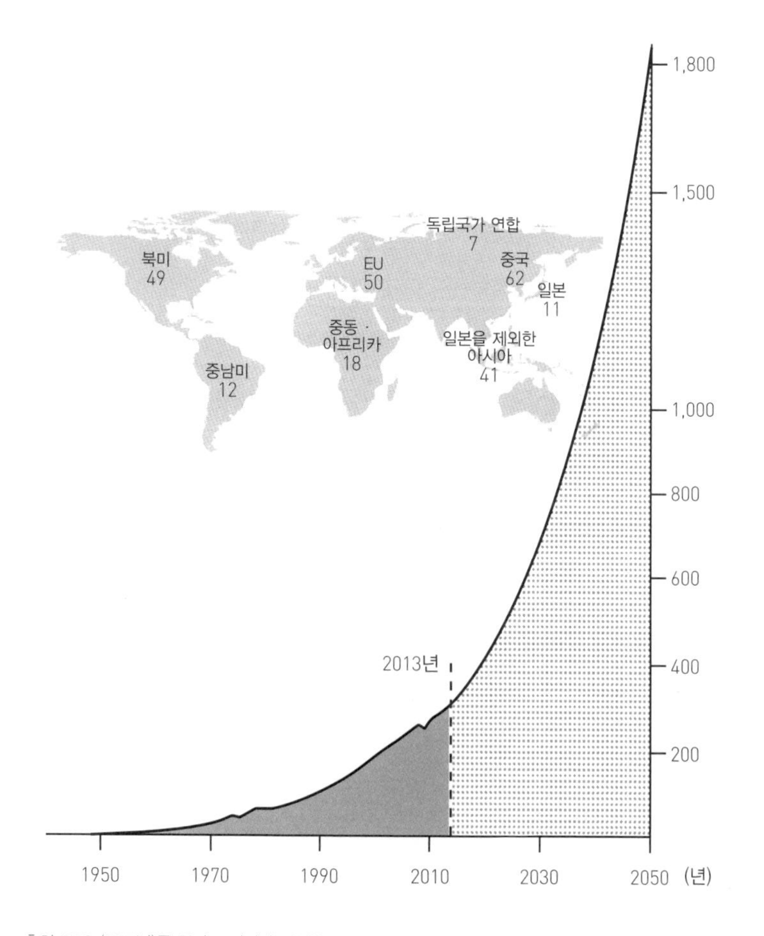

출처: FAO (2017년)를 근거로 저자가 번역함

일본은 회수된 플라스틱 중 50% 이상을 쓰레기 발전소에서 소각하여 에너지로 전환한다. 플라스틱의 원료는 원유이므로 불을 붙이면 목재보다 훨씬 고온에서 소각되어 에너지로 전환하기 쉽다. 2018년에 일본에서 배출된 플라스틱 폐기물은 891만 톤이다. 그중 쓰레기 발전소에서 소각되어 에너지로 변환된(이것을 '에너지 회수'라고 한다.) 양은 502톤으로 전체의 56%를 차지한다. 여기에 제철소에서 탄소 환원제로 용해로에 넣거나 기체(가스)로 개조한 것을 포함하면 59%가 된다.[12]

그렇다면 실제로 재생플라스틱 소재로 변환한 것은 24%뿐이며,[13] 그중 일본 내에서 재활용한 것은 9%에 불과하다. 나머지 15%는 해외로 쓰레기 수출을 했는데 중국이 2018년부터 플라스틱 쓰레기 수입을 금지했기 때문에 2018년의 실적으로는 수출이 10%, 수출 대기 상태로 창고에 쌓여 있는 것이 5% 정도 있다.[14]

일본은 폐기물 발전으로 인한 에너지 회수량을 포함해 '재활용'이라고 부르지만, 국제적으로는 에너지 회수를 재활용으로 간주하지 않는다.

국제적인 정의에 맞추어 각국의 재활용 비율을 비교하면 일본은 해외수출분도 포함해 24%다. 한편 스페인과 노르웨이는 40% 이상, 독일과 스웨덴, 덴마크는 40% 정도, 네덜란드가 약 35%, 영국과 이탈리아

---

12 코크스형 환원법으로 회수한 탄소 원료는 화학 재활용에서 제외(저자 추정)

13 코크스 기반 공정에 따라 수집된 재료 재활용과 화학 재활용 총량(저자의 추정치)

14 플라스틱 순환 이용협회 〈2018년 플라스틱 제품의 생산·폐기·재자원화·처리처분 상황〉

가 약 30%, 프랑스 약 25%로, 유럽은 일본보다 플라스틱 쓰레기 재활용률이 훨씬 높다는 것을 알 수 있다.[15]

일본인은 일본이 환경선진국이라는 자부심을 갖고 있지만, 국제적으로 보면 꼭 그렇다고 할 수는 없다. 그런 이유로 도쿄도(都)는 최근 폐기물 발전이 아닌, 제품을 제품으로 재활용하는 정책을 발표해 국제적 인식에 눈높이를 맞추겠다는 방침을 발표했다.[16]

다만 안타깝게도 플라스틱 쓰레기를 적절하게 회수해 재활용했다 해도 인간사회에서 나오는 플라스틱은 결국 환경을 오염시킨다. 미세플라스틱 성분을 분석한 결과 플라스틱 제품 외에도 타이어, 의류화학 섬유, 도료, 도로 포장재가 마모되어 분진이 된 플라스틱도 주요 발생 원인으로 밝혀졌다.[17]

플라스틱 오염을 막으려면 마모되어 자연스럽게 미세플라스틱이 되는 플라스틱 원료를 자연계에서 미생물로 분해되는 '생분해성'을 지닌 소재로 바꾸어야 할 것이다.

---

15 Conversio Market & Strategy "Plastics – the facts 2019"

16 도쿄도 환경국 〈플라스틱 삭감 프로그램〉 (2019년)

17 Eunomia "Plastics in the marine environment" (2016) (접속일 : 2020년 1월 3일) https://www.eunomia.co.uk/reports-tools/plastics-in-the-marine-environment

양식에도 불안 요소가 있다

양식에 숨어 있는 감염병 위협

"어업의 미래가 어둡다면 양식으로 전환하면 되지 않을까?"

앞서 언급했듯이 사실 1995년 이후 인류는 양식업에 의존하는 길을 택했다. 하지만 자연을 상대로 하는 이상, 양식의 미래에도 해결해야 할 과제가 산더미 같다.

양식도 당연히 기후변화 위험과 무관하지 않다. 먼저 해수 온도 상승이나 해양산성화는 바닷물을 활용하는 양식장의 경우 어패류의 성장을 저해하는 형태로 영향을 미친다. 물론 자연 어장과는 달리 물고기의 이동 경로가 변할 염려는 없지만 근본적인 해양환경이 양식 어패류에 적합하지 않게 되면 더 이상 양식을 할 수 없게 될 것이다.

또 기후변화로 대홍수나 해일, 거대 태풍이 빈번하게 일어나면 양식장 자체가 파괴될 위험도 있으므로 방재대책이 필수이다. 반대로 기후 변화로 강수량이 주는 지역에서는 가뭄이 들어 물을 확보할 수 없게 될 위험도 있다.

그 밖에 양식 특유의 문제도 있다. 먼저 병원균이나 내성균의 문제다.[18] 양식으로 같은 종의 생물이 밀집된 장소에서는 그 생물이 감염되는 병원균이 생기면 순식간에 양식장 전체가 감염될 가능성이 크다.

동물위생에 관한 국제기구인 세계동물보건기구(OIE)가 책정하는 'OIE 질병 리스트'에 기재된 병원균을 특히 경계해야 한다. 낯선 용어가 많겠지만 전염성조혈기괴사증, 유행성궤양증후군, 전염성연어빈혈증, 참돔이리도바이러스병, 잉어헤르페스바이러스병, 백점병 등이 기재되어 있다.

OIE에는 현재 182개국과 지역이 가입되어 있으며 리스트에 있는 감염병이 새로 출현한 국가와 지역의 정부는 즉시 OIE에 보고해야 한다. 실제로 세계 유수의 연어 양식국인 칠레는 2007년에 전염성연어빈혈증이 대유행했다.

이 감염은 2008년경부터 감소하고 있지만, 그 뒤에도 2010년까지 경제적인 영향을 받아야 했다. 피해총액은 2,000억 엔 정도이다. 연어양식업계 관계자의 절반이나 되는 2만 6,000명이 일자리를 잃었다.[19] 한

---

18 FAO "Understanding and applying risk analysis in aquaculture" (2008)

19 Barrionuevo, Alexei "Norwegians Concede a Role in Chilean Salmon Virus" New York Times, 27 July 2011
https://www.nytimes.com/2011/07/28/world/americas/28chile.html

때 양식사업자 사이에 파산 이야기가 나올 정도였으며 최종적으로 금융기관이 투자 계약을 재검토하는 상태로까지 발전했다.[20]

감염병이 두려우면 항생제를 사용하는 대책도 있다. 그러면 이번에는 약제내성 문제가 튀어나온다. 약제내성은 병원체가 항생제에 저항력을 갖게 되어 약효가 나지 않아 치료할 수 없는 상태를 말한다. 병원체가 약제내성을 획득하면 인류는 그저 자연 치유되기를 기다리거나 새로운 항생제를 개발할 수밖에 없다.

약제내성은 병원체의 유전자 진화로 인해 획득되기 때문에 지나치게 자주 항생제를 투여하면 그 가운데 약제내성을 가진 병원체가 나타난다. 그것을 예방하기 위해 근래 과도한 항생제 사용을 자제하자는 움직임도 나왔다. 예를 들면 미국 정부는 금지된 항생물질을 사용한 중국과 인도 양식 새우에 수입금지 조치를 발동한 적이 있다.

감염병과 마찬가지로 어패류에 사는 기생충을 퇴치하기 위한 살충제도 주변의 환경 오염과 생태계 파괴를 일으킨다고 우려된다. 그 때문에 양식업에 사용하는 살충제의 농도 허용치에 관한 연구가 각국에서 진행 중이다.

---

20 Global Aquaculture Alliance "The recovery of the Chilean salmon industry" (2012)

자연산이 있어야 양식도 있다

더욱이 양식업은 생물을 짧은 시간에 키우기 위해 사료를 많이 사용한다. 양식은 사료비용이 총비용의 60~70%를 차지한다고 한다. 양식용 사료 중 가장 중요한 것은 다른 물고기를 가루 상태로 만든 '어분'이다.

일본은 거의 모든 어분을 수입한다. 어분의 원료인 물고기는 어업으로 포획된 자연산으로 현재 어획량 중 약 15%가 어분으로 사용된다. 이렇게 양식은 자연산이 없으면 유지할 수 없는 것이 현실이며 자연산 어획량이 감소하면 양식도 감소하는 구조로 되어 있다.

최근에는 대두와 옥수수를 이용한 식물성사료도 검토하고 있지만 대두와 옥수수는 앞으로 기후변화와 산림파괴의 영향을 받을 것이 분명하다. 그래서 수산가공과정에서 폐기되었던 물고기의 뼈, 내장, 꼬리를 원료로 한 사료를 만드는 것도 검토하고 있다.

사료의 대량 사용 자체도 새로운 문제를 만든다. 사료는 영양소가 풍부하므로 다른 생물을 예상치 못하게 대량으로 발생시킬 위험이 있다. 대표적인 것이 조류가 대량으로 발생하는 현상이다. 예를 들면 2016년에는 칠레 남부 연어 양식장에서 대규모 녹조[21]가 발생해 전체 양식장 연어의 20%인 2,700만 마리가 폐사했다. 총 피해액은 1,000억 엔에 이르렀다. 2019년에는 노르웨이에서 조류가 발생해 추정 4만 톤의 연어가

---

21 JICA 〈함께 발견한다: 적조 대책을 향한 길 칠레〉 (2017년)

죽었다. 현지 노르디아은행은 녹조 현상으로 인해 전 세계 연어 생산성 장률이 6.6%에서 5.0%로 하락할 것이라고 발표했다.[22]

연어 양식의 대부분은 대나무 등으로 만든 그물에 어망을 묶어서 해안가를 따라 폐쇄된 공간을 만들어 방류하는 '개방형 그물망 양식'이 일반적이다. 2016년 기준으로 대서양 연안 양식의 95%가 이 방식을 따랐다. 그러나 바닷물은 바다와 이어져 있으므로 해양의 환경 변화에 따른 영향을 직접적으로 받는다. 최근에는 향후 기후변화 대책을 위해 개방형 그물망 양식에서 연안 밀폐 케이지형(CCS) 양식이나 폐쇄순환식 육상 양식(RAS)으로 전환해야 한다는 의견도 나온다.

---

22 Ramsden, Neil "Nordea: Real algal bloom impact thus far is 40,000t salmon lost to market" Undercurrent news, 21 March 2019
https://www.undercurrentnews.com/2019/05/21/nordea-real-algal-bloom-impact-thus-far-is-40000t-salmon-lost-to-market/

수산 관련 사업자는 스스로 사업을 지켜야 한다

지금은 기존 방식을 고집하면 더 이상 어업과 양식업을 확대할 수 없는 시대가 되었다. 앞으로 여러 가지 위험이 따를 수밖에 없고, 이에 적절히 대응하는 사람만이 해산물 생산사업자로서 살아남을 수 있다. 따라서 '공급망 가시화'는 농업과 마찬가지로 해산물을 취급하는 식품 제조업체와 소매업체들에게 그 어느 때보다 중요해지고 있다.

이미 유럽과 미국의 대형 소매체인점 중에는 공급망을 가시화하여 지속 가능한 어획과 양식 방법을 따르지 않는 사업자의 제품을 매입하지 않는 업체도 있다. 특히 영국의 대형 소매업체인 테스코, 세인즈베리, 막스앤스펜서, 웨이트로즈, 쿱(Coop) 등이 취급하는 어류 제품의 인증화를 추진하고 있다.

어패류 분야 인증은 어업의 지속가능성 인증인 MSC 인증과 양식의 지속가능성을 인증하는 ASC 인증이 있다. MSC 인증은 포획 어종의 자원량과 어획 방법, 어업 관리체제 등을, ASC 인증은 병원체 관리, 사료, 주변 생태계와 인간 환경에 미치는 영향을 검토하고 심사에 통과하면 인증을 받을 수 있다. 기관투자자의 경우, 영국의 국제적 투자 협력 비영리기관인 FAIRR(Farm Animal Investment Risk Return, 가축 투자 위험과 수익)은 투자기업들을 상대로 기업이 거래하는 양식사업자가 어패류의 감염병 대책과 항생제 사용방침, 사료 조달 방법을 공개하게 하라고 요구하고 있으며 공개 상황을 기반으로 등급을 매긴다.[23]

어패류를 취급하는 식품업체, 유통업체, 외식업은 우량한 수산사업자와 안정적인 관계를 형성하지 않으면 앞으로 어패류를 조달하지 못할 가능성이 생겼다. 그런 상황에서 만약 일본 기업이 공급망 가시화에 뒤처져 안정적인 해외산 어패류를 확보할 수 없게 된다면 말 그대로 '식탁에서 생선이 사라지는 날'이 닥칠지도 모른다.

---

23 FAIRR "Coller FAIRR Protein Producer Index 2019" (2019)

제5장

물을 둘러싼 사회 분쟁

일본은 세계에서 몇 안 되는
물 리스크에 노출되어 있는 나라이다.

세계의 현실

일본의 풍요로운 생활은 해외의 수자원에 의존하기 때문이다. 세계적인 물 부족이 영향을 줄 수도 있다.

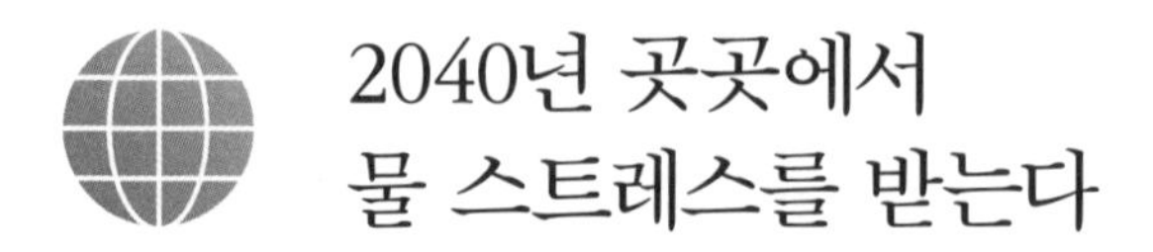

2040년 곳곳에서 물 스트레스를 받는다

담수는 고작 2.5%

전기, 가스와 함께 생활 인프라로 꼽히는 수도. 지구는 '물의 행성'이라고 부를 정도로 물이 풍부하게 존재하며 그 덕분에 인간을 비롯한 생물은 진화를 거듭해 왔다. 지구상에 존재하는 물의 양은 약 14억km^3다. 그중 인간이 생활하고 산업용으로 쓰는 물의 양은 연간 4,000km^3에 불과하다.[1] 1950년의 취수량이 1,400km^3였으므로 70년 동안 3배나 늘긴 했지만, 총량인 14억km^3에 비하면 우리가 사용하는 양은 미미한 수준으로 보일 것이다. 그러나 이런 인식에는 큰 함정이 있다.

---

1 UNESCO "World Water Development Report 2019"

안타깝게도 지구에는 우리가 필요한 '담수'가 대단히 적다. 지구의 14억km^{3}의 물 중 97.5%는 해수이며 해수는 수자원으로 이용할 수 없다. 인류가 수자원으로 활용할 수 있는 담수는 나머지 2.5%에 해당하는 3,500만km^{3}에 불과하다.

더욱이 담수 중 1.7%는 남극과 빙하, 만년설 등 활용하기 곤란한 상태이며 약 0.8%는 지하수 상태로 땅속에 존재한다. 그것을 제외하고 인류가 사용하기 쉬운 강이나 호수 등에 있는 물은 지구 전체 물의 0.01%, 10만km^{3}에 지나지 않는다. 물론 우리는 지하수를 끌어오고 해수를 과학기술로 담수화하고 있지만 매년 4,000km^{3}를 취수하고 있는 것은 담수를 상당히 효율적으로 이용하고 있다는 뜻이다.

연간 4,000km^3 중 농업용수가 약 70%로 가장 많고 공업용수(수력발전 포함)는 19%, 생활용수가 12%를 차지한다. 특히 농업이 활발한 남아시아에서는 농업용수가 90%로 가장 높고, 반대로 선진국은 공업용수의 비율이 높다.[2] 농업 중에도 곡물과 채소 등 식량용 외에 목초, 면화, 바이오매스 연료용 등 다양한 작물이 있으며 폭넓은 업종이 물에 의존하고 있다. 취수는 앞으로도 증가할 것이고, 국제에너지기구(IEA)는 2040년의 연간 취수량이 약 4,400km^{3}에 이를 것이라고 한다.[3]

---

2 World Bank "World Development Indicators" (접속일 : 2019년 12월 31일)

3 UNESCO "World Water Development Report 2019"

담수이용률이 중요한 지표로

인간은 수자원을 취수하여 사용하고 배수한다. 그 물은 증발해 비로 내리고 강으로 흘러가고 인간은 강물을 다시 취수한다. 수자원은 이런 식으로 순환한다. 그래서 어느 한 시점에 한 곳에서 이용할 수 있는 담수에는 한계가 있다. 수자원을 활용할 수 있는 여력을 측정하려면 이용 가능한 담수 중 몇 %를 취수하고 있는지 나타내는 담수이용률이 중요한 지표가 된다.

수자원이 부족한 사막지대인 중동과 북아프리카 지역은 담수이용률이 70%를 넘는데 이는 상당히 높은 상태다. 일본, 중국, 한국, 인도, 독일, 이탈리아, 스페인, 멕시코, 터키, 남아프리카 등이 그 뒤를 잇는다. 그중에는 물이 풍부하지만 취수량이 많은 나라도 있고 원래부터 수자원이 적은 나라도 있다.

특히 중국, 인도, 멕시코, 터키, 남아프리카는 앞으로도 인구가 증가하고 공업화가 진행되어 물이 더 많이 필요해질 지역이며 수자원이 경제 성장에 커다란 제약조건이 될 것으로 우려된다. 한편 농업대국인 미국, 프랑스, 네덜란드, 우크라이나, 태국, 베트남은 취수량이 많지만 아직 취수에 여유가 있다.

취수이용률이 높을수록 사회는 물에 대해 취약해진다. 약간만 강수량이 감소해도 절수를 해야 하거나 심할 경우 단수를 하게 된다. 그 때문에 담수이용률이 높은 것을 '물 스트레스'라고도 한다. 담수를 이용할 수 없게 될수록 물에 대한 스트레스를 심하게 받는다는 뜻이다.

그러면 세계 각 지역의 물 스트레스는 2040년경에는 어떻게 될까? 환경싱크탱크로 잘 알려진 세계자원연구소(WRI)는 앞으로의 경제 성장, 인구 증가, 기후변화(기온이 2.8~5.4℃ 상승하는 시나리오), 수질 변화 등을 고려해 국가별 물 스트레스 수준(Level of Physical Water Stress) 지도를 발표했다(도표 5-1, 권말부록 279쪽 컬러 그림 확인).

이 지도를 보면 중동과 북아프리카 사막지대뿐 아니라 미국 서해안에서 서부에 걸쳐 물 스트레스가, 즉 담수이용률이 80% 이상에 이른다. 중국 북부와 중부, 인도의 거의 전 지역, 호주 동해안, 지중해 연안 지역도 물 스트레스가 80% 이상이다(한국의 물 스트레스 지수는 25~70%이다. 물 스트레스 지수가 70% 이상인 중동과 북아프리카 사막지역의 국가들보다는 덜하지만 한국도 '물 스트레스를 받는 국가'에 들어간다. - 옮긴이).

그중에는 중동처럼 이미 물 스트레스가 높은 지역도 있으므로, 물 스트레스가 높은 것이 곧 생활을 할 수 없다는 뜻은 아니다. 하지만 현 단계에서 물 스트레스가 별로 높지 않은 지역에서 물 스트레스가 높아지면 사람들의 생활은 지금과는 달라질 것이다.

예를 들면 미국 서부·중서부, 멕시코, 북아프리카, 중동, 중앙아시아, 중국 북부, 몽골, 필리핀, 스리랑카, 호주 동해안은 앞으로 물 스트레스가 크게 높아질 것이라고 전망한다.

물 스트레스가 높아진 지역은 취수량을 줄이면서 사회를 유지하기 위해 물의 소비효율을 높이고 폐수를 정화해서 재이용하는 것이 중요해진다. 그렇게 하지 않으면 강제 절수나 단수를 해야 할지도 모르기 때문이다.

5-1 2040년에는 광범위한 지역이 물 스트레스에 시달린다

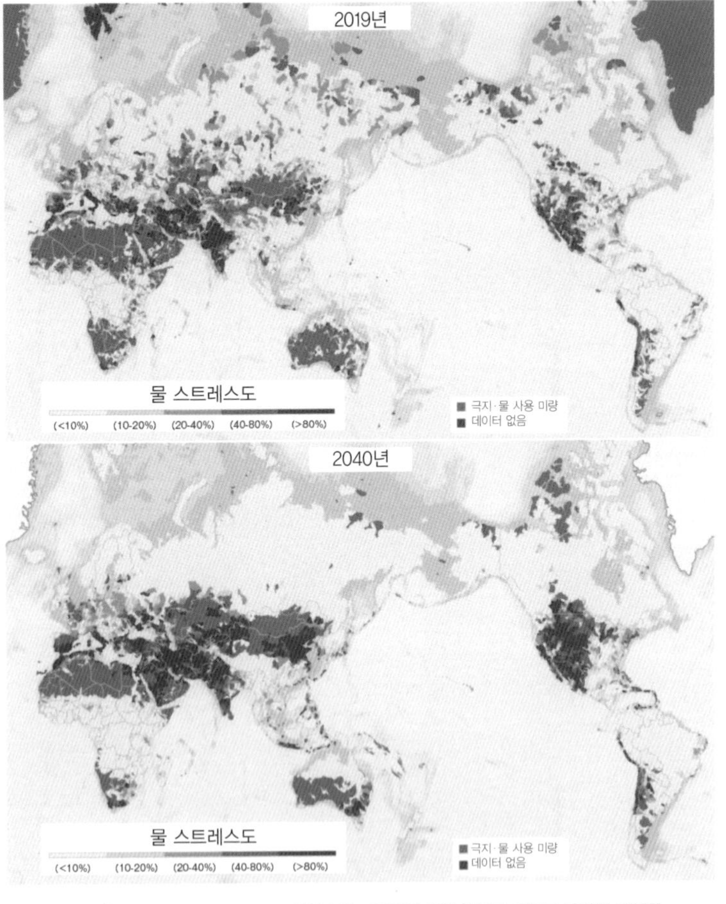

출처: WRI "Aqueduct water risk atlas" (접속일 : 2019년 12월 31일)를 근거로 저자가 번역함
※ 권말부록 279쪽에서 컬러 그림으로 확인할 수 있다.

가상수라는 진정한 위기

절수나 단수를 겪어 본 사람은 우리 생활에 물이 없으면 얼마나 괴로운지 체감했을 것이다. 하지만 물 부족 이야기는 우리 생활에서 일어나는 물 스트레스만으로 끝나지 않는다. 우리 사회는 이미 세계화하고 있다. 그 의미는 생활에 필요한 식량과 의류, 전자기기 중 상당수가 멀리 떨어진 곳에서 우리 곁으로 온다는 것이다. 우리는 자신이 어디에 살건 세계 어딘가에서 무슨 일이 일어나면 자신의 생활에 영향을 받는 시대에 살고 있다.

예를 들면 일본의 식량자급률은 대단히 낮다. 의류도 오늘날 해외에서 대량으로 수입하고 있으며 적어도 원료는 대부분 해외에서 들여온다. 전자기기도 최근에는 해외제품이 늘었고 부품에 쓰이는 원료는 거의 해외에 있는 광산에서 채굴한 것이다.

그 때문에 우리 사회가 물 리스크를 고려하기 위해서는 국내의 물 부족뿐 아니라 해외의 물 부족 상황도 고려해야 한다. 그로 인해 '가상수(Virtual Water, 假想水)'라는 개념이 태어났다. 가상수는 제품의 수출입에 초점을 맞춰 우리 사회가 얼마나 많이 해외 수자원에 의존하고 있는지 측정하는 지표이다.

세계에는 가상수가 대폭 마이너스인 상태다. 즉 12개국이 제품을 수입해서 간접적으로 해외의 수자원에 크게 의존하고 있다. 일본, 한국, 영국, 독일, 이탈리아, 벨기에, 네덜란드, 스페인, 멕시코, 아르헨티나, 사우디아라비아, 예멘이 이에 해당한다. 특히 일본은 연간 약 804억 톤이나 되는 가상수를 수입하고 있으며 수입량을 생각하면 세계 최대이다(도표 5-2, 권말부록 278쪽 컬러 그림 확인, 한국의 가상수 평균 사용량은 1,629㎥/인으로 세계 평균 가상수 사용량 1,385㎥/인보다 높게 나타나며 세계 5위의 가상수 순수입국이다. - 옮긴이).

일본의 가상수 수입원은 미국, 호주, 캐나다만으로도 609억 톤이다. 전체의 약 70%를 차지한다(도표 5-3, 권말부록 280쪽 컬러 그림 확인). 이 3개국에서 가상수 수입을 많이 하는 이유는 쇠고기, 밀, 대두를 수입하기 때문이다. 품목 중에서도 쇠고기, 커피, 올리브오일은 생산량당 물 소비량이 무척 많다. 다음으로 돼지고기, 닭고기, 달걀, 유제품, 쌀, 밀, 대두, 차도 많은 편이다.[4]

---

4 일본 환경성 〈가상수(VW)량 일람표〉 (접속일 : 2019년 12월 31일)

5-2 가상수의 흐름 ①

출처: European Commission Joint Research Center "World atlas of desertification – Virtual Water" (2019년, 접속일 : 2019년 12월 31일)
※ 권말부록 278쪽에서 컬러 그림으로 확인할 수 있다.

5-3 가상수의 흐름 ②

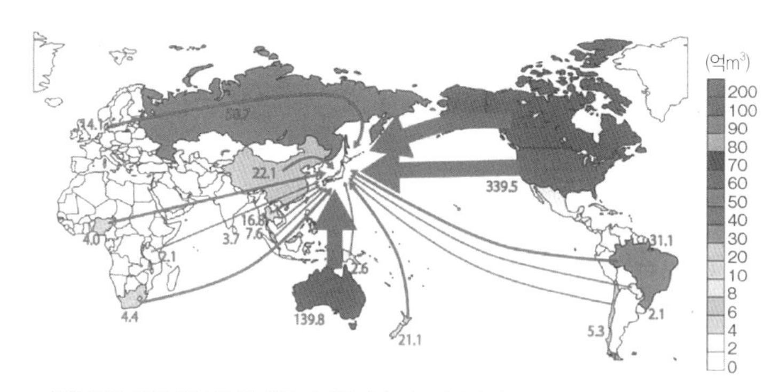

출처: 일본 환경성 『2013년판 환경·순환형사회·생물다양성 백서』 2005년 시점 데이터
※ 권말부록 280쪽에서 컬러 그림으로 확인할 수 있다.

일본은 물 소비량이 많은 품목인 쇠고기, 밀, 대두를 수입에 의존하고 있으며 수입원인 미국, 호주, 캐나다의 수자원에 크게 의존하면서 생활하고 있다.

이 중 특히 미국와 호주에서 수입하는 품목이 걱정스럽다. 물 스트레스 수준 지도에도 표시된 미국와 호주의 식량 생산 지역은 앞으로 물 부족에 시달릴 우려가 있다. 일본의 식생활은 이 두 나라에서 물을 풍부하게 쓸 수 있다는 것이 전제다. 만약 이 대전제가 무너진다면 미국과 호주 외의 나라로부터 식품을 수입하거나 아예 먹는 음식을 바꾸거나 양자택일해야 할 것이다.

이미 시작한 물을 둘러싼 사회 분쟁

내전 뒤에는 물 부족이 있었다

물 부족이 원인인 사회 분쟁은 이미 발생하고 있다. 인도에서는 오래전부터 코베리강(Cauvery River)의 물 사용 권리를 놓고 카르나타카주(州)와 타밀나두주가 대립하고 있다. 인도를 대표하는 강 중 하나인 이 강의 총 길이는 802km로 두 지역 수원의 90% 이상을 차지한다.

이 지역은 백여 년 전부터 코베리강을 이용한 관개농업이 활발했고 사탕수수의 주요 재배지로 발전했다. 하지만 최근 과도한 농업 개발로 물이 부족해졌고 두 주가 물의 이권을 놓고 소송을 제기했다. 두 주의 주민들이 폭도가 되어 격렬하게 대립하는 사태로 치달았다. 이 일대는 이후로도 물 스트레스가 높아서 물 부족 문제를 해결하지 않으면 분쟁의 불씨가 언제까지나 남아 있을 것이다.

2015년부터 격렬한 내전 상태로 돌입한 예멘도 물 부족이 원인이었다. 예멘은 원래 강수량이 적은 나라였지만 근래 강수량이 더욱 줄어들었다. 하지만 물 소비량은 인구 증가와 더불어 오히려 늘어났다.

그런 이유로 농업용수를 확보하려는 농촌과 식음수를 확보하려는 도시 간 물에 대한 이권 분쟁이 일어났다. 시민들의 불만은 문제를 해결하지 못한 중앙정부로 쏠렸고, 2011년 아랍의 봄을 계기로 34년간 이어진 알리 압둘라 살레 대통령의 정권이 무너졌다. 지금은 시아파와 수니파의 종교 대립이 두드러지지만 내전의 발단은 물 부족이었다.

물 리스크가 안정적인 기업 운영에 영향을 주다

국제하천의 경우 물의 이권 문제는 해결하기가 한층 어려워진다. 티그리스·유프라테스강 유역에서는 물의 이권을 둘러싸고 터키와 시리아, 이라크가 견제해 왔다. 터키와 시리아는 경제발전과 더불어 1960년대부터 댐을 건설하기 시작했다. 그러나 하류에 자리한 이라크에서 물이 부족해져 이라크와 일촉즉발의 사태가 빚어졌다. 그때는 사우디아라비아와 소련의 개입으로 전쟁을 회피할 수 있었지만, 그 뒤에도 협조와 대립을 번갈아 하면서 오늘에 이르렀다. 향후 물 부족이 심각해지면 다시 대립할 가능성이 크다.

세계 최장의 강인 나일강도 물 이권 문제가 끊이지 않는다. '이집트는 나일강의 선물'이라는 말이 있듯이 나일강 유역에 있는 이집트는 고대부터 농업이 활발해 중요한 식량 생산지로 자리 잡았다. 하지만 나일강 유역에 있는 나라는 이집트만이 아니라 수단, 남수단, 에리트레아, 에티오피아, 케냐, 우간다, 르완다, 부룬디, 탄자니아, 콩고민주공화국으로 모두 11개국이나 된다.

1959년 이집트와 수단이 나일강의 90%를 이용할 수 있다는 협정을 체결했다. 하지만 상류에 자리한 나라들이 그 조약을 수긍할 리가 없다. 그러므로 2010년 당시 아직 수단의 일부인 남수단을 제외한 10개국이 '나일 유역 구상(NBI)'에 서명했고 물 이권 문제를 해결하는 데 협력하기로 했다. 그러나 결국 이집트와 수단이 이 협정을 지키는 것을 반대했다. 이처럼 나일강에도 언제 고개를 들지 모르는 분쟁의 불씨가 남아 있다.

물 분쟁을 겪는 지역에서 물 소비량이 늘면 당연히 사회 불안이 생긴다. 하지만 한창 경제 성장을 하는 개발도상국에서는 자연히 물 소비량이 늘어난다. 음료 제조업과 정밀기기업으로 인한 취수, 화장실의 보급으로 인한 주택 취수, 농업 관개 정비 등으로 물 소비량이 늘어나기 때문이다. 게다가 공업 배수와 농업 배수로 수원이 오염되면 담수를 둘러싼 대립 관계가 심화된다.

이런 상황에서 기업이 안정적으로 조업을 하려면 취수량 삭감과 폐수관리를 철저히 해 지역사회에 불안감을 주지 않는 존재가 되는 것이 필수이다.

기대감을 모으는 담수화와 그에 필요한 솔루션

담수를 확보하기 어렵다면 풍부하게 존재하는 해수를 담수로 만들면 된다는 생각도 있다. 강과 호수, 늪에 있는 담수는 10만km^3밖에 되지 않지만 해수는 13.5억km^3나 되기 때문이다. 예를 들면 담수 확보가 오랜 국가 과제인 싱가포르는 말레이시아에서 물 수입을 의존하는 상황을 해결하기 위해 해수를 담수화하려고 하고 있다.

해수를 담수로 바꾸는 기술은 크게 두 가지로 나뉜다. 먼저 소금물을 열로 증발시켜 염분과 수증기를 분리하고 수증기를 냉각해 담수를 추출하는 방법이다. 이 방법은 순도가 높은 담수를 얻을 수 있는 반면, 열을 내기 위한 에너지가 필요하다. 담수화 플랜트는 현재 원유자원을 대량으로 확보할 수 있는 해안 국가에 집중되어 있는데 이것은 산유국이 에너지가 풍부하기 때문이다. 하지만 당연히 담수화를 위해 화석연료를 사용하면 기후변화를 앞당기게 된다(도표 5-4).

또 하나의 담수화 방법은 화학 시간에 배운 '삼투압'을 이용하는 것이다. 염분을 함유한 해수층과 담수층을 삼투막을 만들어 연결하면 담수가 삼투막을 통과해 해수층으로 이동하여 염분 농도를 균일하게 만들려고 한다. 그때 해수층에 인공적으로 압력을 주면 팽창한 해수층에서 수분만 담수층으로 이동하는 현상이 일어난다. 이것을 '역삼투법'이라고 한다. 최근에는 열에너지가 필요하지 않은 역삼투법이 주목을 끌

5-4 담수화에 사용하는 해수량(천㎥/일)

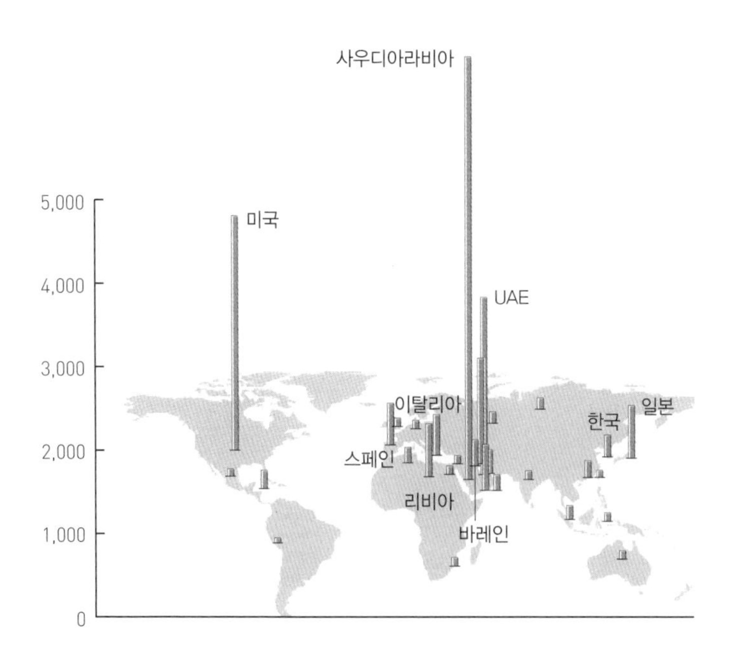

출처: UNEP GRID Arendal "Water desalination" (2010년, 접속일 : 2020년 1월 1일)

고 있다. 일본에는 후쿠오카시(市)와 오키나와현(沖縄県) 나카가미군(中頭郡) 차탄정(北谷町)에 대규모 수도수 확보용 담수화 플랜트가 있는데 양쪽 다 역삼투법을 채택했다.

담수화는 해수를 담수로 바꾸는 꿈 같은 기술이지만 이 역시 문제가 있다. 먼저 담수화를 하고 남은 염분을 처리하는 것이다. 지금은 많은 염분이 들어 있는 잔수를 바다에 방류하고 있다. 그러면 주변 해역의 염분 농도가 올라가 물고기가 죽거나 생태계를 파괴할 수 있다.

또 담수화 플랜트의 수조와 배관에 불순물이 붙는 것을 막기 위해 화학약품을 섞는 일도 있으므로 잔수를 방류하면 화학약품에 의해 해양오염이 일어날 가능성도 있다. 그런 일을 막기 위해 잔수의 염분과 화학물질을 방류하기 전에 회수해 유효하게 활용하는 기술을 개발할 필요가 있다.

제6장

감염병의 미래

코로나의 다음 위험은 무엇인가?

세계의 현실

감염병이 대유행할 위험성은 점점 증가한다.

감염병이란 무엇인가

불과 몇 달 만에 전 세계에 퍼지다

2019년 11월에 중국 우한시에서 발생했다는 신종코로나바이러스 감염병(정식명칭 COVID-19)은 불과 몇 달 만에 전 세계로 퍼지면서 '감염병'이라는 말을 모르는 사람이 없게 만들었다. 신종코로나바이러스 팬데믹(대유행)은 세계 곳곳을 덮쳐 먼 이국에 있는 생면부지의 사람들이 나와 같은 고통을 겪고 있다. 이 팬데믹은 세계 70억 명이나 되는 사람들에게 처음으로 '공통 경험'을 안겨 주었다고 할 수 있다.

원래 감염병은 체내에 병원체가 감염해 건강을 해치는 증세를 일으키는 것을 말한다. 병원체는 바이러스, 세균, 병원충, 진균 등 다양하다. 예를 들어 인플루엔자나 코로나, 에볼라 출혈열, 광견병, 황열, 지카바이러스 감염증, 뎅기열, 수두, 풍진, 홍역, 천연두는 모두 바이러스가 병원체다. 한편 말라리아는 기생성 병원충이 병원체이다. 결핵과 페스트(흑사병), 콜레라, 이질, 파상풍은 세균이 병원체이다.

감염병은 재난의 일종이긴 하지만 지진과 태풍 같은 자연재해와는 특징이 크게 다르다. 지진과 태풍은 재난이 짧은 기간에 국소적으로 발생하고 끝나는 데 비해 감염병은 때로 단기간에 수습하지 못해 피해가 오래갈 수 있다. 특히 '사람 간 감염'의 유형인 감염병은 감염이 광범위하게 퍼져 신종코로나바이러스처럼 불과 한두 달 만에 전 세계에 영향을 미치기도 한다.

또 대규모 감염 시에는 감염 확산을 막기 위해 사람 간의 접촉을 피해야 하므로 사회활동에 큰 제약이 생긴다. 감염병 대책을 세울 때는 감염에 의한 건강과 위생 측면의 대책뿐 아니라 감염 예방을 위해 사회활동을 제한함으로써 고용과 물류에 미칠 영향에도 주의를 기울일 필요가 있다.

인류역사상 3번 대유행을 일으킨 페스트

감염병은 태곳적부터 인류의 골칫거리였다. 현대사회는 비행기, 철도와 같은 교통수단이 발달하면서 감염속도가 급격히 빨라져 먼 곳까지 감염이 확산되고 있다. 이것은 신종코로나바이러스의 사례로도 분명히 알 수 있다. 그러나 교통수단이 정비되지 않았던 시대에도 팬데믹이 여러 번 인간사회를 덮쳐 지금보다 더 큰 피해를 안긴 일도 있었다.

예를 들면 페스트균이라는 세균이 병원체로 발생하는 페스트는 인류역사상 3번이나 대유행을 일으켰다. 첫 번째는 540년대에 동로마제국의 콘스탄티노플에서 발생했다. 이때는 대유행이 2년 정도 지속되어 세계에서 약 5,000만 명이 사망했다. 콘스탄티노플에서는 시민 중 40%가 사망했다고 추정한다. 이때 당시 동로마제국의 황제 유스티니아누스도 감염되어서 '유스티니아누스 페스트'라는 별명이 붙기도 했다.

두 번째는 '흑사병'이라는 이름으로 14세기 유럽에서 유행했다. 사망자 수는 정확하지 않지만 7,500만 명에서 2억 명으로 추산된다. 발생원은 원나라(중국)라는 설이 유력하며 몽골제국이 구축한 유라시아대륙 교통망을 타고 중동을 넘어서 유럽으로 왔다. 유럽 인구의 30~60%가 사망하는 역사적 대참사로 남았다. 특히 영국은 주민의 70~80%가 사망하는 마을도 있었을 정도로, 영국에서 널리 쓰이는 언어가 프랑스어에서 영어로 바뀌는 계기가 되었다.

그 뒤로도 페스트가 수만 명에서 수십만 명의 사망자를 내는 유행이 여러 번 발생한 뒤, 1855년에 세 번째 대유행이 발생했다. 이번 무대는 아시아였으며 중국 운남성에서 발생한 것이 인도로 건너가 총 1,200만 명, 인도에서만 1,000만 명이 목숨을 잃었다.

치사율이 30~60%로 대단히 높은 페스트의 원인이 페스트균이라는 세균임이 밝혀진 것은 1894년이 되어서였다. 일본의 세균학자 기타자토 시바사부로(北理 柴三郎)와 프랑스의 세균학자 알렉상드르 예르생(Alexandre Yersin)이 각기 독립된 연구로 거의 동시에 페스트균을 발견했다.

하지만 페스트는 오늘날에도 아직 효과적인 백신을 개발하지 못해 지금도 페루, 마다가스카르, 콩고민주공화국에서 발생한 사례가 있고 2010년에서 2015년까지 584명이 목숨을 잃었다. 페스트를 예방하려면 페스트균의 숙주인 벼룩이 기생하는 쥐를 제거할 수밖에 없으므로 감염 지역에서는 지금도 쥐를 없애는 방식으로 페스트와 맞서고 있다.

아직도 백신이 없는 감염병이 있다

한편 백신이라는 수단으로 위기를 극복한 감염병도 많다. 인류역사상 최초의 백신은 1796년에 영국인 의사인 에드워드 제너가 개발한 천연두 백신이라는 것이 통설이다. 제너는 소가 걸리는 병인 우두에 감염된 사람은 천연두에 걸리지 않는다는 소문을 듣고 증세가 가벼운 우두 감염자의 고름에서 균을 채취해 백신으로 접종하는 '종두법(우두법)'을 세계 최초로 확립했다. 하지만 연구해 본 바 우두와 천연두는 면역교차 반응이 없다는 사실이 밝혀져 천연두의 감염을 억제할 수 있었던 것은 어쩌다 함께 있던 종두 바이러스(vaccinia virus)라는 다른 바이러스였음이 판명되었다.

제너의 시대에는 아직 천연두 바이러스를 특정하지 못했고 백신의 효과도 우연이었지만, 사회에 뚜렷한 인상을 준 것은 틀림없다. 인류는 그 후 1980년 천연두를 자연계에서 뿌리 뽑는 데 성공했다. 그 뒤 백신

접종을 하지 않아도 되게 되었고, 지금 천연두 바이러스는 미국의 질병 관리예방센터(CDC)와 러시아의 국립바이러스학·바이오테크놀로지 연구센터 두 곳에 엄중히 보존되어 있다. 왜 두 곳에 백신을 보존하는가 하면 천연두 바이러스가 앞으로 만에 하나 재발할 경우를 대비해 백신 생산을 재개할 수 있게 하기 위해서다.

19세기 후반부터는 병원체를 특정한 뒤, 그 병원체에 효과를 발휘하는 백신을 개발하는 방식이 확립되었다(도표 6-1). 백신 개발 분야에는 상당수 일본인 과학자도 세계에 이름을 남겼다.

앞서 말했듯이 기타자토 시바사부로는 1894년 페스트의 병원균을 발견해 광견병, 인플루엔자, 이질, 발진티푸스에서 백신 개발의 근원인 혈청 개발로 큰 공을 세웠다. 시가 기요시(志賀 潔)는 1898년에 이질균을 세계 최초로 발견했다. 노구치 히데요(野口 英世)는 1910년대에 매독과 황열 병원체 연구로 국제적인 성과를 올렸다. 그 뒤에도 다양한 감염병에 대해 백신이 개발되었는데, 말라리아, 페스트, 뎅기열, 지카바이러스 감염증, 단핵증, 코로나바이러스, AIDS와 같이 아직도 백신이 개발되지 못한 것도 많다.

6-1 감염병의 병원체를 발견한 해(좌)와 미국의 백신 개시 연도(우)

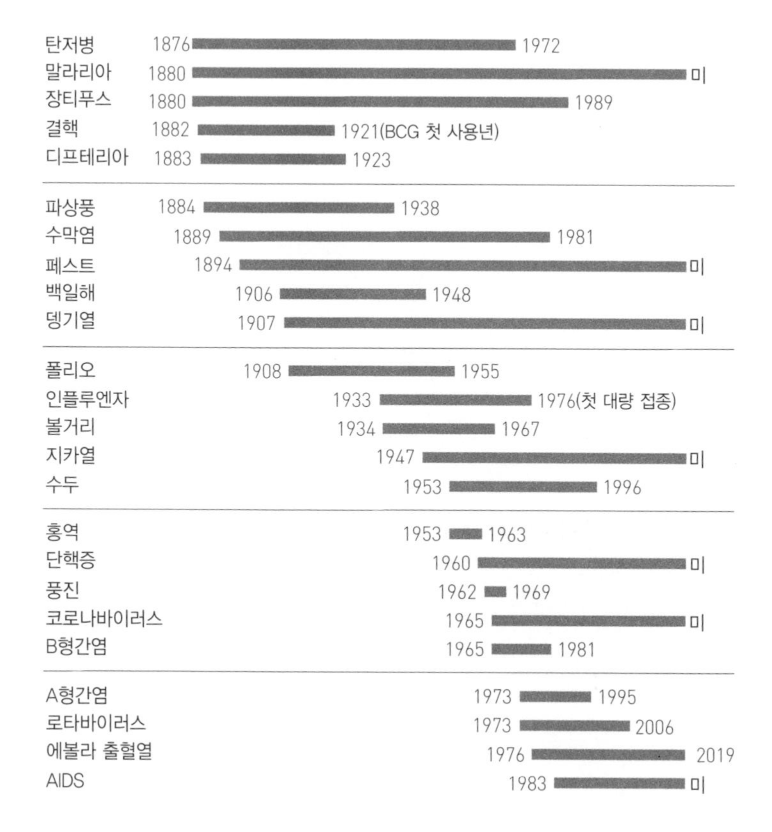

(주) 결핵백신인 BCG는 미국에서는 사용하지 않으며 세계 처음으로 사용된 연도를 기재했다.
인플루엔자는 처음으로 대규모 접종이 실시된 연도를 기재했다. '미'는 미개발을 의미한다.
출처: 저자가 작성

감염병의 위험도를 어떻게 판단할까

기초감염재생산수와 치사율을 지표로

감염병에 관한 지표 중 특히 중요한 것이 기초감염재생산수(Basic reproduction number)와 치사율이다. 기초감염재생산수는 한 명의 감염자가 몇 명을 감염시키는지 보는 감염력의 강도를 나타낸다. 기초감염재생산수가 1을 넘으면 감염자가 증가하고 1 이하이면 감염자가 감소한다. 한편 치사율은 말 그대로 감염자 중 몇 명이 사망하는지 나타낸다. 이 두 가지 지표로 보면 각 감염병에는 특징이 있는 것을 알 수 있다(도표 6-2).

예를 들면 말라리아, 지카열, 뎅기열, 황열과 같은 감염병은 치사율이 대단히 높지만 '사람 간 감염'은 아니며 모기를 매개체로 감염하기 때문에 감염 지역이 숙주인 모기의 서식 지역으로 한정된다. 또 홍역이

6-2 주요 감염병의 기초감염재생산수와 치사율

	감염경로	기초감염 재생산수	치사율	백신
말라리아	모기	–	3.0~4.0%	–
지카열	모기	–	8.3%	–
뎅기열	모기	–	26.0%	–
황열	모기	–	20.0~50.0%	○
광견병	개	–	99.0%	○
페스트	벼룩, 비말 감염	2.8~3.5	60.0~90.0%	–
홍역	에어로졸 감염	12.0~18.0	0.2%	○
수두	에어로졸 감염	10.0~12.0	〉0.001%	○
에볼라 출혈열	혈액 감염	1.5~2.5	83.0~90.0%	○
스페인독감(1918H1N1)	비말 감염	2.0~3.0	2.5%	○
신종인플루엔자 (2009H1N1)	비말 감염	1.4~1.6	0.02~0.4%	○
중증급성호흡기증후군 (사스, SARS-CoV)	비말 감염	2.0~5.0	9.5%	–
중동호흡기증후군 (메르스, MERS-CoV)	비말 감염	0.3~0.8	34.4%	–
신종코로나바이러스 감염병 (SARS-CoV-2)	에어로졸 감염	2.1~5.1	1.6%	○

출처: 논문과 기사 검색을 근거로 저자가 작성함

나 수두는 재채기나 기침 등으로 인한 비말 감염뿐 아니라 코에서 나오는 미세한 액체입자(에어로졸)로도 감염된다. 당연히 감염력을 나타내는 기초감염재생산수가 10 이상으로 매우 높은 편이다. 반면 치사율은 낮고 백신도 개발되어서 현대사회에서는 위생상태와 의료체제가 정비

되어 있으면 별로 무서워할 필요가 없는 감염병이 되었다.

에볼라 출혈열은 치사율은 80% 이상으로 극도로 높지만 비말 감염을 하지 않으므로 신중하게 대처하면 감염을 막을 수 있으며 인류의 숙원이던 효과적인 백신도 2019년 미국과 EU에서 승인되었다.

인플루엔자와 코로나가 반복적으로 유행

한편 인플루엔자와 코로나바이러스는 골칫덩어리다. 인플루엔자가 매년 변이를 일으켜 형태를 바꿔 가며 유행하는 것은 이미 잘 알려진 사실이다. 인플루엔자의 기초감염재생산수는 비말감염의 특성상 2~3으로 비교적 높은 편인 데다 때때로 치사율이 높은 바이러스가 나타나면 대규모로 확산할 가능성이 크다.

1918년에는 미국이 발생원인 '스페인독감'이 세계적인 대유행을 의미하는 '팬데믹'을 일으켜 세계에서 5억 명이 감염되었다. 사망자는 5,000만 명으로 추산된다. 일본은 전인구 5,500만 명 중 약 절반인 2,380만 명이 감염되어 39만 명의 사망자를 냈다. 그중 일본의 건축가인 다쓰노 킨고(辰野 金吾)가 스페인독감으로 목숨을 잃어 화제가 되기도 했다.

이 인플루엔자는 제1차 세계대전 중에 퍼졌으므로 각국이 피해 상황을 은폐했다. 중립국인 스페인만 피해 상황을 숨기지 않았기 때문에 언론은 '스페인독감'이라는 명칭으로 대서특필했다. 스페인독감은 1918년 종반에 갑자기 사그라들었는데 왜 사라졌는지는 아직 분명히 밝혀지지 않았다.

2000년대에 들어서는 인플루엔자바이러스와 코로나바이러스에 의한 감염병이 잇달아 발생했다. 2002년부터 2003년간, 사스코로나바이러스에 의한 사스(SARS, 중증급성호흡기증후군)가 유행해 중국 광둥성을 기점으로 전 세계에서 8,000명이 사망했다. 이를 교훈 삼아 세계보건기구(WHO)는 2005년 감염 상황에 따른 6단계 대응 가이드라인을 세웠고 최상위 단계인 6단계를 '팬데믹(대유행)'으로 규정할 것을 공식적으로 밝혔다. 그리하여 '팬데믹'이라는 용어가 국제기구의 공식적인 행정 용어로 자리 잡았다.

2009년에는 스페인독감을 일으킨 H1N1형 인플루엔자바이러스가 갑자기 북미에서 재발해 전 세계에서 1만 4,000명이 목숨을 잃었다. 이 인플루엔자는 '신종인플루엔자'라고 이름 붙여졌고 WHO는 2005년에 정한 '팬데믹'을 그때 처음으로 선언했다.

2012년에는 다시 코로나바이러스가 맹위를 떨쳐 메르스(MERS, 중동호흡기증후군)가 발생했다. 사우디아라비아가 발생지로 추정되며 8,000명의 목숨을 앗아갔다. 치사율은 높지만 감염력이 약해서 팬데믹을 선언하지는 않았다.

그리고 2019년 11월 이번에는 다른 종류의 코로나바이러스가 출현했다. 중국 우한시에서 발생했다고 여겨지는 '신종코로나바이러스 감염병(COVID-19)'이 불과 몇 달 만에 전 세계를 덮쳤다.

신종코로나바이러스에 대해 WHO는 역사상 두 번째로 '팬데믹'을 선언했다. 2020년 6월 시점, 감염자 수는 약 850만 명, 사망자 수는 약 50만 명으로 스페인독감 이래 가장 맹위를 떨친 감염병이다. 각국은 감염 예방의 일환으로 사회적 거리두기를 실시했고 이에 따라 국내총생산(GDP)과 에너지 수요 감소는 2008년 리먼 브러더스 사태를 넘어 1929년 대공황 이후 최대 규모가 될 전망이다.

신종코로나바이러스는 쉽게 변이를 일으킨다?

바이러스는 'DNA 바이러스'와 'RNA 바이러스'로 나뉘는데 인플루엔자바이러스는 쉽게 변이를 일으키는 'RNA 바이러스'에 속한다. 인플루엔자바이러스는 흔히 일어나는 소규모 '연속 변이'뿐 아니라 다른 형태의 인플루엔자바이러스와 결합하여 특징이 크게 바뀌는 '불연속변이'를 일으킬 수 있다.

연속 변이는 1, 2년에 걸쳐 조금씩 변하지만 소규모이므로 한 번 체내에 면역이 생기면 어느 정도 대응할 수 있다. 그러나 10~40년에 한 번 일어나는 불연속변이는 바이러스의 형태가 크게 변해서 면역기능이 작동하지 않아 치사율이 올라간다.

코로나바이러스도 인플루엔자바이러스처럼 'RNA 바이러스'에 속하여 비교적 변이를 일으키기 쉽다. 하지만 코로나바이러스는 아직 연구 중이므로 얼마나 쉽게 변이하는지 분명히 파악할 수 없다.

신종코로나바이러스는 사스코로나바이러스의 변이종인 것이 밝혀졌다. 2020년 4월에 발표된 논문[1]에 따르면 신종코로나바이러스의 변이 빈도는 사스보다 적으므로 대책을 세우기 쉽다는 기대를 모았다.

하지만 한편으로 이미 완전히 새로운 코로나바이러스의 돌연변이도 확인되었다. 일본 국립감염병연구소의 연구[2]로는 14일에 1회꼴로 변이하고 있다는 추정 결과도 나왔다. 만약 변이가 빈번하게 일어난다면 백신이나 항체가 효과가 별로 없는 종이 나올 가능성을 부인할 수 없다.

그렇게 되면 많은 이가 면역을 획득해 감염이 사그라드는 '집단면역' 상태를 이루고도, 코로나바이러스는 인플루엔자와 마찬가지로 다시금 감염이 확산될 위험이 있다. 그 때문에 변이종이 나타날 가능성을 줄이기 위해서도 코로나바이러스 팬데믹을 하루빨리 수습하여 재유행을 봉쇄하는 것이 중요하다.

---

1 Jia, Yong et al. "Analysis of the mutation dynamics of SARS-CoV-2 reveals the spread history and emergence of RBD mutant with lower ACE2 binding affinity" bioRxiv. (2020)

2 국립감염병연구소병원체 게놈 해석연구센터 〈신종코로나바이러스 SARS-CoV-2의 게놈 분자역학조사〉 (2020년)

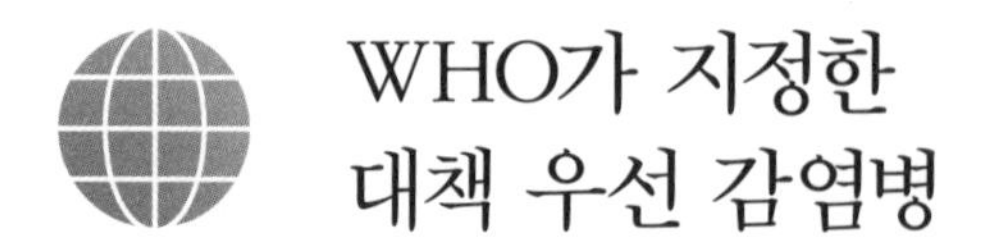

WHO가 지정한 대책 우선 감염병

한편 앞으로 일어날 감염병에 대해서는 어떤 대책을 세우고 있을까? WHO는 2016년 '연구개발 청사진(R&D Blueprint)'[3]이라는 문서를 공식적으로 채택해 세계 관계자가 연구와 준비를 위해 협력해야 하는 우선도가 높은 감염병을 정했다.

그 배경에는 2014년부터 2015년까지 기니를 비롯한 서아프리카에서 대유행한 에볼라 출혈열이 있었다. 그 당시에는 치료약과 백신 개발이 늦어져 2만 8,512명이 감염되었고 1만 1,313명이 목숨을 잃었다. 치사율이 40%에 이르는 대참사였다.

그런 반성에서 WHO는 앞으로 감염 위험이 높은 감염병에 대해서 검사약과 치료약, 백신의 조기 개발이 필요하다는 데 의견을 모았다. 에피데믹(Epidemic) 단계인 감염병 중 특별히 우선순위가 높은 감염병

---

3 WHO "An R&D Blueprint for Action to Prevent Epidemics" (2016)

을 정하기로 한 것이다. 에피데믹은 특정 지역에서 대유행하는 감염병이 대상이며 팬데믹 전 단계이다.

R&D 블루프린트에 편입된 병은 에볼라 출혈열, 마르부르크바이러스 질병, 크림-콩고출혈열, 라사열, 중동호흡기증후군(MERS-CoV)·중증급성호흡기증후군(SARS-CoV), 헤니파 바이러스 (henipavirus, 홍역 바이러스의 일종인 헨드라바이러스와 니파바이러스를 포함하는 바이러스 - 옮긴이) 감염병, 리프트밸리열 이렇게 7가지다. 감염 범위는 국지에 한정되어 있지만 치사율이 높은 병이다.

지정된 7가지 감염병은 세계 각국의 관민 연구기관이 진행하는 검사약, 치료약, 백신 등의 연구 정보를 WHO가 일원적으로 수집·파악하고 자금을 지원한다. 에볼라 출혈열은 이미 효과적인 백신이 개발되었다. 리프트밸리열도 연구용 백신이 개발되어 실용 시험 단계를 밟고 있다.

또 WHO는 새로운 고위험 바이러스가 나타날 것을 대비해 '블루프린트'에 여덟째 지정감염병으로 미지의 신종 감염병 '질병 X(Disease X)'를 포함했다. 이 질병 X의 제1호로 인정된 것이 2020년 1월 7일에 검출된 신종코로나바이러스(SARS-CoV-2)에 의한 신종코로나바이러스 감염병(COVID-19)이다.

이후 신종코로나바이러스 감염병은 지정감염병 중 최우선 과제로 꼽히면서 전 세계 연구기관이 연구에 박차를 가하고 있다. 신종코로나바이러스의 치료제와 백신 개발이 일반적인 경우보다 신속하게 진행된 배경에는 2016년부터 WHO가 추진해 온 국제협력체제 구축이 있었다.

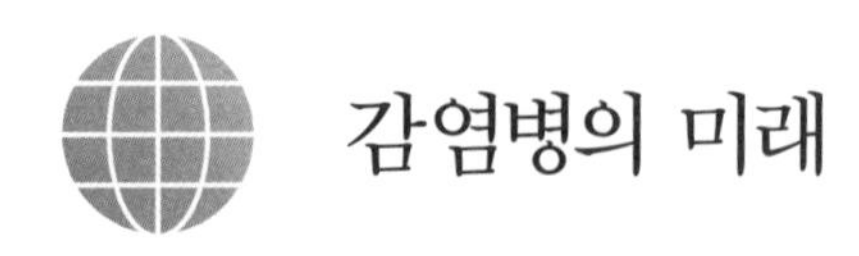

감염병의 미래

기후변화와 식량문제와는 달리 감염병의 미래에 관해서는 기관투자자들도 아직 의견이 분분하지만 크게 낙관적인 이야기와 비관적인 이야기로 갈린다.

낙관적인 예상으로는 인공지능(AI)과 양자컴퓨터기술에 의한 데이터 분석 능력이 발전해 다양한 감염병 분야에서 백신이나 치료제를 개발할 수 있을 것으로 본다.

실제로 대형 제약사는 2016년경부터 AI기업과 파트너십을 체결하고 있다. 또 AI를 활용한 제약 스타트업도 잇달아 등장해 구글, 애플 등도 AI를 활용한 의료진단사업에 진입했다. 상장기업을 투자대상으로 하는 대형 기관투자자와 벤처캐피탈도 의료분야를 유망한 성장 분야로 판단해 적극적으로 투자하게 되었다.

기후변화가 키우는 감염병 리스크

비관적인 예측도 있다. 먼저 향후 기후변화로 인해 감염병이 확산될 것이라는 연구 결과가 있다. 1장에서도 언급했듯이 기후변화에 따른 폭염이 열사병 피해를 키울 것이라고 우려한다. 그 밖에도 다양한 건강 피해가 예측된다.

도표 6-3은 2014년에 발표한 IPCC의 제5차 평가보고서가 기후변화에 따른 건강 위험을 나타낸 것이다. 색이 진한 부분은 우리가 지식을 결집해 첨단 기술을 개발할 경우 줄어들 건강 위험의 양을 나타낸다. 색이 연한 부분은 그렇게 해도 남아 있는 건강 위험의 양이다.

현재(이 그림은 2014년) 시점은 폭염, 가뭄, 홍수, 저기압, 화염과 같은 '극단적 기상 현상'의 경우에는 대응하기 곤란한 건강 위험이 발생하지만 그 외에 관해서는 어떻게든 대처할 수 있다. 하지만 기후변화가 진행되면 더위, 농작물 공급난에 의한 영양부족, 더위 속에서 일함으로써 건강을 해치는 '노동 위생', 세균에 의한 설사를 중심으로 한 '음식과 물을 매개로 한 감염병'이라는 4가지 항목으로 위험 양이 크게 증가한다. 여기서 말하는 감염병 문제란 콜레라, 지아르디아, 살모넬라 등에 의한 설사와 저조한 몸 상태를 가리킨다. 기온과 강수량 변화로 인해 남아시아를 비롯해 아프리카와 중미, 태평양 섬나라에서 감염 위험이 늘어난다고 예상된다.

마찬가지로 '동물 유래 감염병(인수공통감염병)'도 증가할 전망이다. 동물

6-3 기후변화에 따른 건강 위험

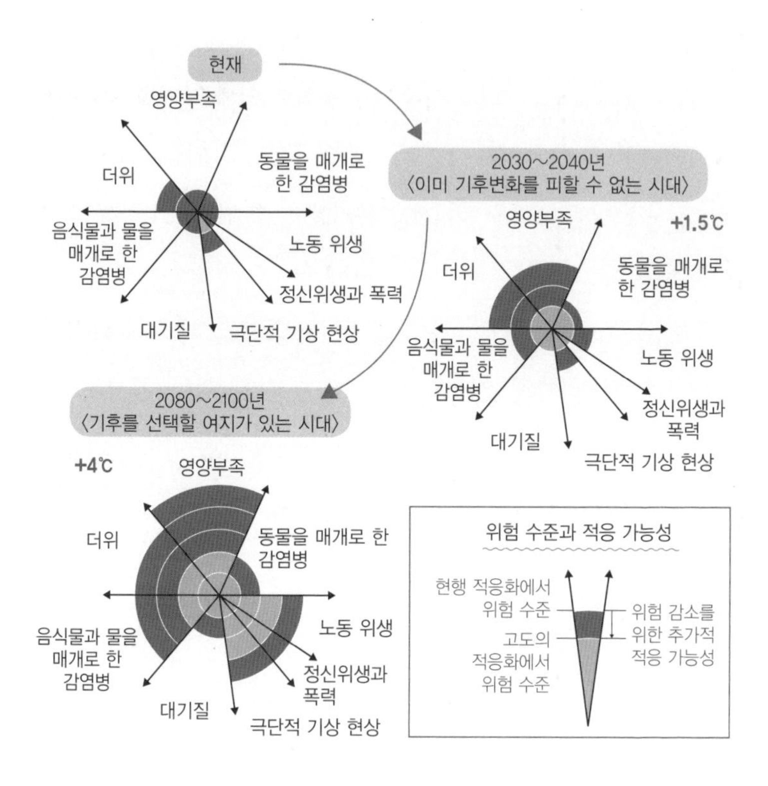

출처: IPCC 제5차 평가보고서 제2실무그룹의 보고 〈정책결정자 대상 요약〉을 환경성 번역

유래 감염병은 동물을 숙주로 하는 병원체가 인간에게 감염해 일어나는 감염병을 말한다. 예를 들면 말라리아를 몸속에 갖고 있는 모기는 현재 열대지방인 아프리카와 중남미에 서식하지만 지구온난화와 함께 적도 부근에서 남북으로 서식지를 확장해 인간을 감염시킬 위험이 크다.

제5차 평가보고서에는 북미에서 중미에 걸쳐서는 말라리아, 뎅기열, 아프리카에는 리프트밸리열, 오세아니아는 로스 리버 열병과 뮤레이밸리 뇌염의 감염 위험 확대가 우려된다고 한다. 이것은 전부 모기가 숙주인 병원체가 일으키는 감염병이다. 모기 외에도 진드기가 매개체인 라임병이 캐나다에 퍼질 가능성도 지적한다.[4]

영구동토에서 바이러스가 나타난다?

그리고 최신 연구에 따르면 제5차 평가보고서는 다루지 않은 감염병에 관해서도 기후변화의 영향으로 향후 감염 위험이 증가한다는 것이 파악되었다. 먼저 인플루엔자가 거론된다. 인플루엔자는 지금까지는 고온·고습도에 약하므로 지구온난화로 인해 오히려 세력이 약해질 것으로 생각했지만 최근 연구로는 그렇게 되지 않을 가능성이 지적된다.

2020년에 발표한 논문[5]에 따르면 과거의 데이터를 분석한 결과 기온변동이 심화되면 인플루엔자 유행이 확산된다는 연관성이 나타나 기후변화로 인해 인플루엔자 세력이 커질 가능성이 보인다.

그 밖에도 기후변화가 감염병을 일으키는 원리는 영구동토가 녹는 현상과도 관련이 있다. 2016년 여름 러시아의 시베리아 북부의 마을에서

---

4 일본 환경성 〈지구온난화와 감염병〉 (2007년)

5 Qi Liu et al. "Changing Rapid Weather Variability Increases Influenza Epidemic Risk in a Warming Climate" Environmental Research Letters vol.15, no.4. (2020)

갑자기 12세 소년이 사망했다. 그 원인은 영구동토에 잠들어 있던 탄저균이었다. 지구온난화의 영향으로 영구동토가 녹아 동토에 갇혀 있던 순록의 사체가 지표에 노출된 결과 영구동토에 있던 탄저균이 지상으로 방출된 것이다.

영구동토에서 융해된 탄저균이 주위의 물과 토양에서 식물로 들어와 소년이 그 식물을 먹어서 감염되었다는 설도 있다. 그 밖에도 23명이 감염되었는데 다행히 사망자는 나오지 않았다. 한편 2,300마리 이상의 순록이 목숨을 잃었다.

영구동토에는 지구상에서 근절된 천연두가 얼어 있다는 설도 있다. 다소 초자연적인 이야기로 들리겠지만 치사율이 높은 미지의 바이러스가 얼어 있다고 주장하는 사람도 있다.

하지만 이 이야기를 초자연적인 상상이라고 치부하기 어려운 상황이 생겼다. 2015년에 프랑스와 러시아의 연구팀이 시베리아의 영구동토를 조사했는데 3만 년 전의 거대 바이러스를 발견했다.[6] 2020년에는 미국과 중국의 연구팀이 티베트고원에서 빙하 50미터 아래에서 얼음을 채취해 33종의 바이러스를 발견했다. 33종 중 28종은 실제로 미지의 바이러스였다.[7]

---

6 Matthieu. Legendre "In-Depth Study of Mollivirus Sibericum, a New 30,000-y-Old Giant Virus Infecting Acanthamoeba" PNAS. vol.112. no.38. (2015)

7 Zhong Zhi-Ping et al. "Glacier ice archives fifteen-thousand-year-old viruses" bioRxiv. (2020)

생태계의 변화로 새로운 감염병이 발생하다

또 하나의 비관적인 이야기는 생태계의 변화로 인한 악영향이다. 유엔환경계획(UNEP)[8]은 1940년부터 2004년까지 발생한 감염병을 조사했는데 새로운 감염병이 생기는 빈도가 늘고 있음을 발견했다. 그리고 확인된 335개의 신종 감염병 중 60.3%가 동물에서 유래한 감염병으로 그중 71.8%는 물새, 낙타, 돼지, 원숭이 등 야생동물이 숙주였다.

지금까지 동물 유래 감염병은 모기를 매개로 한 말라리아와 뎅기열이 이목을 끌었지만, 요즘에는 야생동물에서 기인한 감염병이 새로운 감염병을 유행하게 만든다는 것이다.

예를 들면 2009년 맹위를 떨친 신종인플루엔자는 축산이라는 인간의 사회활동이 초래했다. 인플루엔자바이러스는 A형, B형, C형이 존재하는데, 그중 팬데믹을 일으키기 쉬운 것은 A형이다. A형은 인간뿐 아니라 거위나 오리 등의 물새, 돼지, 말에도 감염하며 각각 '인간 인플루엔자', '조류 인플루엔자(조류 독감)', '돼지 인플루엔자'로 부른다. 각기 미묘하게 종이 다르지만 모두 조류 인플루엔자가 근원이라는 설이 유력하다.

조류 인플루엔자는 물새의 장 안을 숙주로 삼는데 병원성은 없으며 공생 상태로 존재한다. 통설로는 물새에 있는 조류 인플루엔자는 인간

---

8 UNEP "UNEP Frontiers 2016 Report: Emerging Issues of Environmental Concern"

에게 감염하지 않는다. 하지만 물새에서 닭, 메추라기, 칠면조 등의 가축류로는 접촉이나 변을 통해 감염한다.

가축류에 감염한 인플루엔자도 통상적으로는 병원성이 없고 숙주와 공생하지만 때로 숙주에 대해 강한 병원성을 지닌 종이 변이로 인해 나타나기도 한다. 그 종을 '고병원성 조류 인플루엔자'라 부른다. 고병원성 조류 인플루엔자는 드물지만 인간에게도 감염한다.

예를 들면 H5N1형은 새의 체액이나 변과 접촉하면 인간에게도 감염하여 높은 치사성을 나타낸다.(다만 익힌 달걀과 닭고기로는 감염되지 않는다.) 그래도 현재 확인된 H5N1형은 '사람 간 감염'하는 것은 대단히 드물어서 새에서 인간에게 감염하여도 사람 간 감염하는 일은 거의 없다.

양돈산업이 낳은 인플루엔자

하지만 돼지는 골치 아픈 존재이다. 돼지 인플루엔자는 조류 인플루엔자가 어느 시점에 돼지를 감염시킨 것이라고 추정된다. 그리고 돼지는 돼지 인플루엔자뿐 아니라 조류 인플루엔자와 인간 인플루엔자에도 감염되기 때문에 돼지의 몸에는 여러 종류의 인플루엔자가 공존하고 그 종들이 섞여서 변이를 일으키기 쉽다. 예를 들면 1918년에 스페인독감을 발생시킨 H1N1형은 돼지도 감염시킨다. H1N1형의 기원은 아직 확실하게 밝혀지지 않지만 돼지 인플루엔자였을 가능성도 있다.

H1N1형은 1977년부터 1978년에 걸쳐 소련에서 다시 대유행했고 그

후에는 '소련형'이라고도 불리며 인간 인플루엔자로서 정착했다. 지금은 계절성 인플루엔자가 되어 매년 유행한다.

인간 인플루엔자 중에는 H2N2형도 일찍부터 맹위를 떨쳤다. H2N2형이 어디에서 왔는지는 분명하지 않지만 1957년 중국에서 '아시아 독감'을 일으켰고 1968년에는 H2N2형에서 변이한 H3N2형이 '홍콩 독감'을 일으켰다. 그 뒤 H3N2형도 '홍콩형'이라고 불리며 자리 잡았고 H1N1형과 마찬가지로 계절성 인플루엔자로 매년 유행하고 있다.

H3N2형은 1988년경부터 돼지에게 감염해, 돼지의 몸에서 원래 있던 돼지 인플루엔자(H1N1형)와 조류 인플루엔자와 트리플 유전자 교잡을 일으켜 H3N2 돼지 인플루엔자가 탄생했다. 그 뒤에도 다른 종의 돼지 인플루엔자와 교잡을 반복하면서 2009년에 강한 '사람 간 감염'을 일으키는 신종 H1N1형이 돼지의 몸속에서 생겼다. 그것이 사람에게 감염해 팬데믹을 일으킨 것이 '신종인플루엔자'였다. 치사성은 그리 높지 않지만 감염력이 높아서 사망자가 1만 4,000명을 넘었다.

이처럼 돼지는 돼지, 사람, 새 3가지 인플루엔자를 교잡해서 변종을 만들어 냄으로써 인플루엔자를 대유행시키는 원인으로 꼽힌다(도표 6-4). 그리고 인류가 닭과 돼지를 가축으로 키우게 되어 돼지와 닭, 사람이 활발하게 접촉하게 된 것이 상호 감염 리스크를 높였다. 그러므로 인플루엔자는 동물 생태계를 인간이 인위적으로 크게 바꾼 결과 생겨난 동물 유래 감염병이라고 할 수 있다.

6-4 신종인플루엔자의 발생 경로

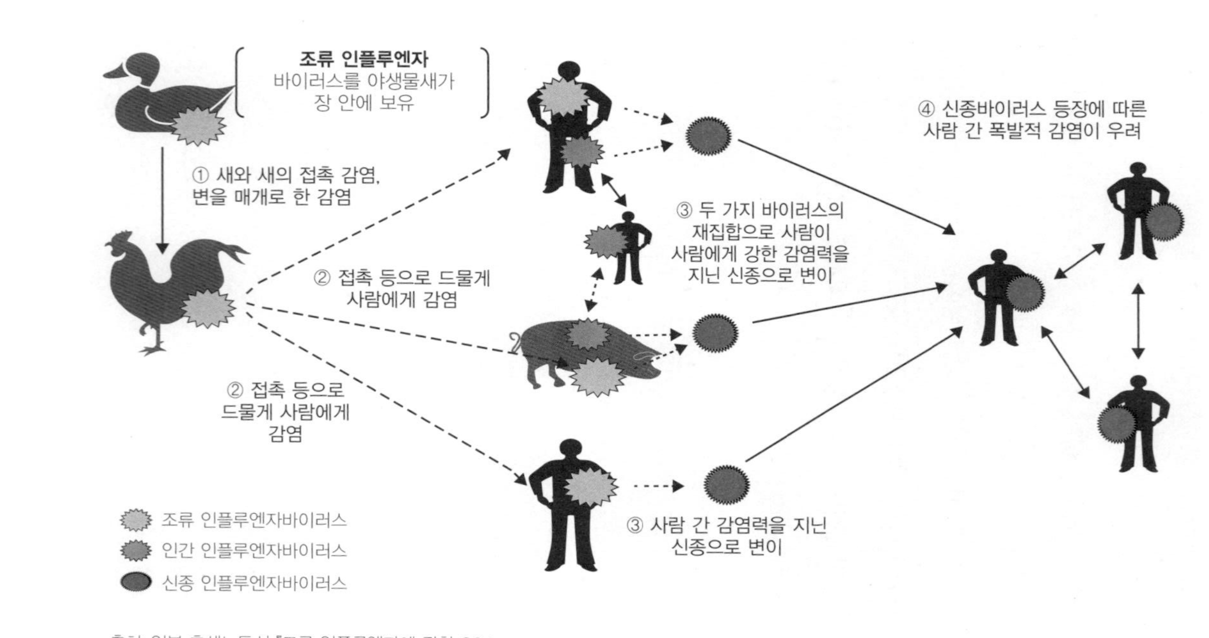

출처: 일본 후생노동성『조류 인플루엔자에 관한 Q&A』
https://www.mhlw.go.jp/bunya/kenkou/kekkaku-kansenshou02/qa.html

인간과 동물의 질병을 동시에 살펴봐야

유엔환경계획은 야생동물에서 인간에게 직접 감염하는 바이러스는 매우 적다고 발표했다. 하지만 야생동물과 인간 사이에 가축이라는 감염경로가 끼어들면 인간에게 감염하는 신종이 탄생한다.[9]

지금 우려하는 일은 고병원성 조류 인플루엔자 중 치사력이 강한 H5N1형으로부터 '사람 간 감염'하는 신종이 생기는 것이다. 이것이 만약 실제로 일어난다면 2009년 H1N1형이 변이한 신종인플루엔자보다 더 큰 팬데믹을 일으킬 가능성이 크다. 그리고 H5N1형의 신종은 돼지를 거쳐 생길 가능성도 있으며 이미 H5N1형이 돼지에게 감염한 사례도 발견되었다.

이처럼 생태계의 변화는 감염병 리스크를 높인다. 1940년부터 2004년까지 발생한 335건의 감염병 사례를 조사한 논문[10]에 따르면 감염병의 원인을 짚어 보면 인간에 의한 생태계 변화가 원인인 것이 대단히 많다. 원인의 상세내용은 산림 벌채 등에 따른 '토지이용 변화'가 31%, 농업 변화가 15%로 거의 절반을 차지했다. 그리고 기후변화까지 합치면 52%에 이른다(도표 6-5). 유엔환경계획은 향후 생태계의 변화와

---

9 일본 후생노동성 〈조류 인플루엔자에 관한 Q&A〉
https://www.mhlw.go.jp/bunya/kenkou/kekkaku-kansenshou02/qa.html

10 Loh, Elizabeth H et al. "Targeting Transmission Pathways for Emerging Zoonotic Disease Surveillance and Control" Vector borne and zoonotic diseases (Larchmont, N.Y.) vol.15, 7:432-7. (2015)

6-5 새로운 감염병의 주요 발생 원인

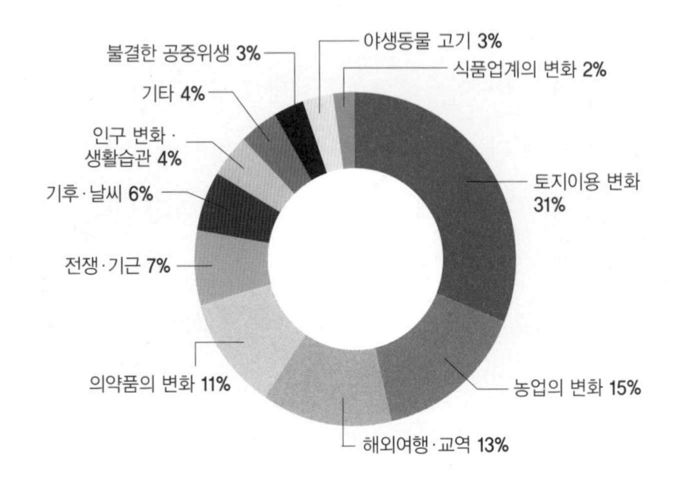

출처: UNEP (2016년)를 근거로 저자가 번역함

기후변화가 진행해 병원체의 숙주와 매개체의 행동 패턴이 변하고 병원체가 더 넓게 이동하게 되면 새로운 교잡이 발생해 팬데믹을 일으키는 종이 나타날 가능성이 있다고 경고한다.[11]

동물이 매개체인 신종 감염병은 인플루엔자뿐 아니라 그 밖에도 많이 발생했다. 박쥐가 매개체인 에볼라 출혈열, 소가 매개체인 소결핵, 돼지가 매개체인 니파바이러스 감염병도 동물이 매개체이다. 그리고 코로나바이러스에 의한 감염병인 2003년의 사스와 2012년의 메르스도 동물이 매개체로 밝혀졌다. 사스는 박쥐 → 너구리 · 흰코사향고양이 등 → 사람, 메르스는 박쥐 → 단봉낙타 → 사람으로 감염되었다.

---

11 UNEP "UNEP Frontiers 2016 Report: Emerging Issues of Environmental Concern" (2016)

그러므로 인간사회를 대혼란에 빠뜨린 2019년의 신종코로나바이러스도 동물에서 유래한 감염병일 것이라는 의혹이 강하게 제기된다.

동물 유래의 신종 감염병이 반드시 매번 강한 감염력과 치사성을 지니는 것은 아니다. 다만 신종코로나바이러스의 사례를 보고 치사성이 강하지 않은 병도 절대 얕봐서는 안 된다는 사실이 분명해졌다.

그러나 감염병 대책으로 생태계의 상황을 주의 깊게 관찰할 필요가 있는데도 각국은 인간과 동물의 질병에 관해서는 감독관청이 다르게 분리된 경우가 많다. 일본도 인간의 질병은 후생노동성, 동물의 질병은 농림수산성이 관할하며 생태계는 환경성이 맡고 있다.(한국의 경우 인간의 질병은 질병관리청, 동물의 질병은 농림축산식품부가 관할한다. - 옮긴이)

그래서 세계보건기구(WHO)는 2017년에 인간과 동물의 감염 상황을 개별적으로 관찰하는 것이 아니라 생태계 전체를 관찰하는 원헬스(One Health) 접근법을 제창했다. 한편으로 유엔식량농업기구(FAO), 세계동물보건기구(OIE)와 연계를 강화하고 있다. 생태계를 담당하는 유엔환경계획(UNEP)도 그 흐름을 따르려 하고 있다.[12]

인플루엔자에는 백신이 있긴 하지만 변이로 인해 치사성이 높아지면 대유행으로 발전할 수 있다. 코로나바이러스는 인플루엔자보다 모르는 부분이 많지만 신종코로나바이러스 대유행을 계기로 연구가 진행되어 리스크와 향후 대책이 밝혀질 것으로 기대된다.

---

12 UNEP "Coronaviruses: are they here to stay?" (2020)
https://www.unep.org/news-and-stories/story/coronaviruses-are-they-here-stay

제7장

세계의 권력 이동

일본과 미국, 유럽의 중산층 비율이
50%에서 30%로 감소한다.

세계의 현실

향후 30년, 일본 시장의 세계 점유율은 5분의 1로 감소한다.

인구가 급감하는 일본과 서구, 급증하는 아시아와 아프리카

변하는 '해외' 이미지

우리는 평상시 '해외'라는 말을 쓸 때, 자연스럽게 구미 선진국을 떠올린다. 예를 들면 '해외 브랜드', '해외 부임', '해외 유학', '해외 결혼식'이라는 말을 들으면 자기도 모르게 서양 사회를 상상한다. 이야기를 하다 보니 실제로는 동남아였음을 알게 되면 '그렇지, 동남아도 해외였지.'라며 타이르듯이 수긍하던 경험이 누구나 한 번쯤은 있지 않을까.

일본은 메이지유신부터 150년간 경제, 문화, 학문, 정치 등 여러 분야에서 미국과 유럽에 기준을 두었다. 미국과 유럽을 주시하면 세계의 움직임을 파악할 수 있다고 생각한 것이다.

기업에도 같은 점을 지적할 수 있다. 2000년경까지 일본 기업의 '해외 사업', '해외 진출', '해외 지점'이라고 하면 기본적으로 미국이나 유럽

7-1 지역별 일본인 장기 체류자 수(민간기업 관계자와 가족)

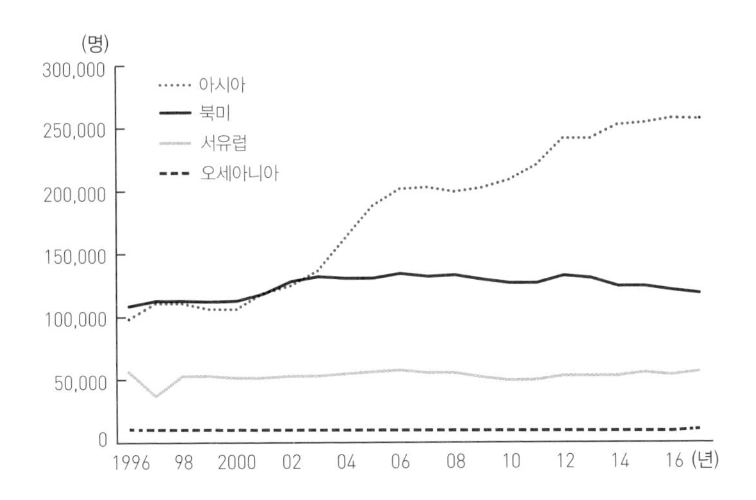

출처: 일본 외무성의 각 연도 〈해외 체류 일본인 수 통계〉를 근거로 저자가 작성함

이 대상이었다. 일본의 기업인은 미국과 유럽으로 출장 가서 최신 트렌드에 대한 정보를 갖고 와 경영전략과 마케팅에 활용해 왔다. 일본에 있는 외국계 기업들도 대체로 미국과 유럽 기업이었다.

하지만 우리는 이제부터 '세계'의 이미지를 크게 바꿔야 한다. 도표 7-1은 해외에 부임한 기업 관계자 수의 추이를 지역별로 살펴본 것이다.

2003년까지는 북미와 아시아의 수는 10만 명 이상이었지만, 2003년부터 아시아가 급증했다. 2017년에는 아시아 부임자가 2.5배로 늘었다. 거의 대부분이 중국 주재다. 경제가 글로벌화했다고는 해도 1996

년부터 20년간 북미, 서유럽, 오세아니아라는 우리가 상상하는 해외 기업 부임자는 별로 늘지 않았다. 이제 해외 부임이라고 하면 오로지 아시아를 가리키게 됐다.

문화면에서도 여러 편의 한국과 대만 드라마가 일본에서 방송되고 있다. 일본의 스마트폰 앱에서도 중국의 게임이나 동영상 공유 사이트가 인기를 누린다. 아시아 기업이 일본 기업을 대규모 매수하는 경우도 늘어났다.

과거 10년 동안 세계는 서양에서 동양으로 권력 이동(파워 시프트)이 일어나는 시대로 불려왔다. 급성장한 중국과 인도, ASEAN의 존재감이 부각되었기 때문이다. 심지어 이제는 아프리카의 시대라는 말까지 나오고 있다. 여기서는 권력 이동의 상황을 살펴보자.

40년간 지속된 '일본의 인구는 1억 2,000만 명'

제2장에서 식량문제를 다루었을 때, 선진국은 저출산으로 인구가 줄어들고, 개발도상국은 앞으로도 인구가 증가할 것이라고 이야기했다. 이 장에서는 좀 더 자세하게 살펴보자.

세계는 앞으로 인구가 늘어나는 지역과 줄어드는 지역으로 나뉜다(도표 7-2). 그중 일본과 유럽은 앞으로 급격한 인구감소에 직면할 것이다. 일본의 저출산과 고령화는 오래전부터 거론된 일이지만 인구감소가 본격적으로 시작되는 것은 이제부터다.

7-2 세계 인구 추이

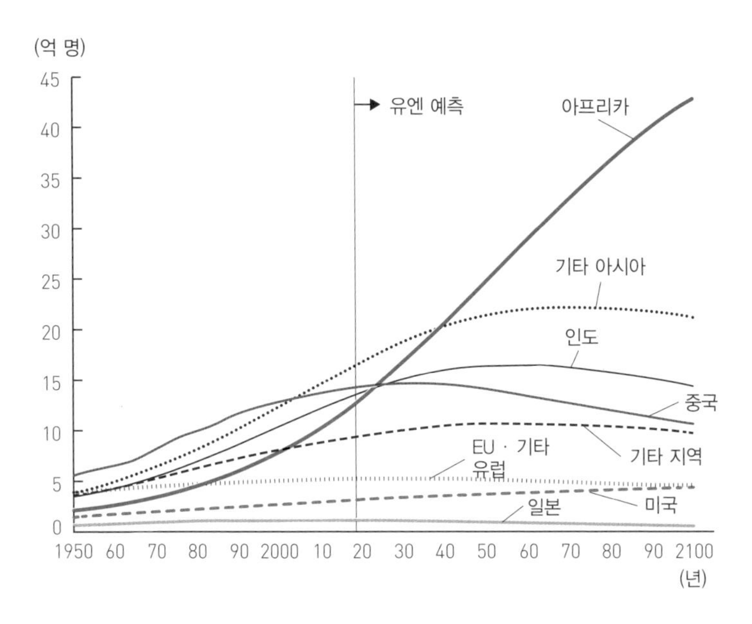

출처: 유엔 인구부 데이터를 근거로 저자가 작성함

일본 인구가 1억 명을 돌파한 것은 약 30년 전인 1967년이다. 그러다 어느덧 '일본 인구는 1억 2,000만 명'이라는 말이 정착됐다. 일본 인구가 반올림해서 '1억 2,000만 명'이 된 것은 1978년이었다. 이후 1992년부터는 반올림으로 '1억 3,000만 명'의 시대가 되었지만, 실제로는 1억 3,000명에 못 미치는 1억 2,000만 명 대에 머물렀기 때문에 '일본 인구는 1억 2,000만 명'이라는 문구가 계속 이어졌다. 일본의 인구는 2009년에 1억 2,856만 명으로 정점을 찍고 감소세로 돌아섰다.

그럼, 언제 반올림해도 1억 2,000만 명에 못 미치는 상태가 될까?

제2장에서 소개한 유엔의 예측에 따르면 2038년이다. 다시 생각하면 '일본의 인구는 1억 2,000만 명'이라는 문구는 2037년까지 아직 18년의 유효기한이 남아 있는 셈이다.

세계 인구의 대부분이 아프리카에 있는 시대

다만 '일본 인구는 1억 2,000만 명'이라는 문구는 거의 40년 동안 유효했지만, 그 사이에 해외인구의 상황은 급변했다. 40년 사이 중국은 9억 8,000만 명에서 14억 4,000만 명으로 약 5억 명이나 늘었고, 인도도 6억 7,000만 명에서 13억 7,000만 명으로 7억 명 늘었다. 미국도 2억 3,000만 명에서 3억 3,000만 명으로 1억 명이 증가했다. 일본, 중국, 인도를 제외한 아시아 국가의 인구는 7억 9,000만 명에서 16억 7,000만 명으로 약 9억 명이 증가했다.

반면에, 유럽에는 일본보다 더 심각한 인구감소를 겪고 있는 나라들이 많다. 이탈리아, 스페인, 폴란드, 루마니아, 불가리아, 그리스에서는 출산율 저하와 유럽연합(EU)의 다른 나라로 인구 유출로 인구가 급격히 줄고 있다.

예를 들면 현재 인구 6,000만 명인 이탈리아는 '일본의 인구는 1억 2,000만 명'이라는 유효기한이 다 되는 2037년에는 5,800만 명, 2100년에는 4,000만 명을 밑돌 것이라고 한다.

한편 2100년에 일본의 인구는 7,500만 명이 될 것으로 추정된다. 유럽에서도 영국은 이민 수용 정책으로 인구를 대폭 늘려 왔으므로 유엔은 2100년까지 계속 늘어날 것으로 보았으나 브렉시트로 이민 수용이 어려워질 것으로 보여 상황이 불투명해졌다.

아프리카에 대해서도 언급하고 싶다. 광활한 아프리카 대륙을 한데 묶어서 말해도 괜찮을까 하는 의문도 있지만, 아프리카 전 국토의 인구는 1950년 시점에는 2억 3,000만 명으로 당시 일본 인구의 3배가 채 되지 않았다. 하지만 이후 일본보다 12배 급증해 2019년에는 13억 명을 돌파했다. 유엔에 따르면, 이 숫자는 2050년에 25억 명에 이를 것이며 그 후에도 계속해서 증가할 것이라고 한다.

2050년 시점에서 중국은 이미 인구감소로 돌아섰고, 인도 역시 16억 명이 넘는 2040년경부터 증가 속도가 둔화하는 것으로 보인다. 2050년까지 감안하면 세계 인구는 인도, 중국, 아세안보다 아프리카에 더 많은 시대가 찾아올 것이다.

일인당 GDP 증가에 큰 격차가 난다

인구가 많을수록 국제사회에 영향력도 커지는가 하면 꼭 그렇지만은 않다. 인구만 놓고 보면 역사적으로 중국과 인도가 일본이나 서양보다 인구가 훨씬 많았지만, 지난 수백 년 동안 서구 국가들과 일본은 정치적, 경제적으로 영향력을 과시해 왔다.

그 이면에는 국민의 경제력이 있다. 국민의 경제가 큰 나라에는 강력한 시장이 탄생한다. 그 후 그 시장을 기반으로 산업이 형성되고, 자본이 축적되어 금융시장이 발전한다. 이런 식으로 세계 언론이 산업과 금융이 발달한 지역에 주목해 온 세상에서 그 지역의 뉴스를 보도하게 된다. 즉 국민의 경제력이 강해진다면 당연히 세계의 이목을 끄는 존재가 된다는 이야기다.

신흥국이라는 용어가 자주 쓰이게 된 2000년 이후, 각국의 일인당 국내총생산(GDP) 성장률은 크게 차이가 났다(도표 7-3).

7-3 일인당 GDP 성장도 (2000년을 1로 설정)

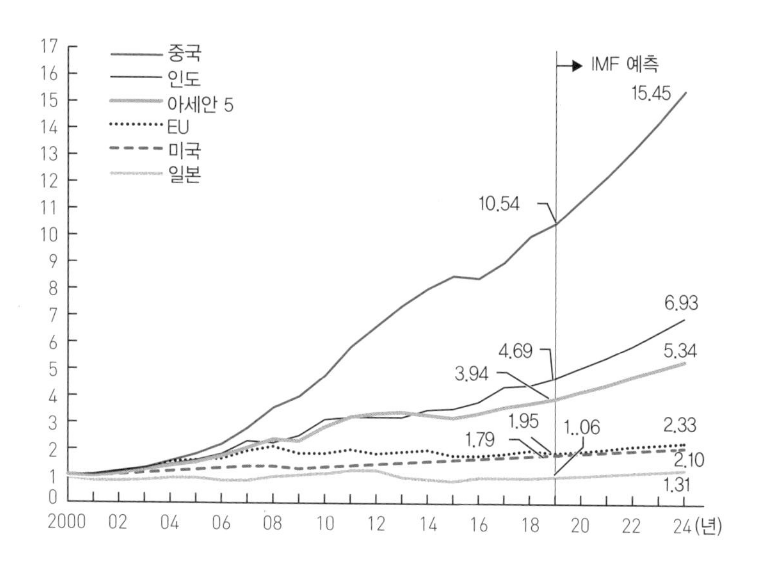

출처: IMF 데이터를 근거로 저자가 작성함

지금은 완전히 대국이 된 중국은 2000년부터 2019년까지 일인당 GDP가 10배 이상 증가했다. 앞으로도 중국의 GDP는 계속 성장할 것이며, IMF는 2024년이면 2000년의 15배 이상이 될 것으로 추산한다. 중국 국내의 소득 격차는 매우 큰 편이다. 그런 중국의 GDP가 평균 10배 이상이 된다는 것은 상하이 등 도시지역에 거주하는 중국인들이 그 이상으로 소득을 늘리고 있다는 의미이다. 이제 일본인보다 높은 구매력을 가진 중국인이 적지 않다.

인도도 2000년부터 2019년까지 1인당 GDP가 4.7배 증가했다. 2000

년과 비교해 2024년에는 7배 늘어날 것이라는 전망도 나온다. 인도도 도시지역의 부유층과 농촌 지역의 빈곤층 사이에 격차가 상당하지만, 일부 성공한 사람들은 구매력을 계속 높이고 있다. 아세안 5로 불리는 인도네시아, 말레이시아, 태국, 베트남, 필리핀의 일인당 GDP는 19년 만에 4배, 향후 5년 안에 5.3배로 늘어날 전망이다.

한편, 옛날 그대로인 선진국조차 이 기간에 일인당 GDP는 증가했다. 미국과 EU는 2000년에 비해 구매력이 거의 두 배나 증가했으며 꾸준히 오르고 있다. 그런데 일인당 GDP가 전혀 성장하지 않은 선진국도 있다. 바로 일본이다.

일본의 인구와 1인당 GDP는 2000년 이후로 거의 변하지 않았다. 초봉이 20년 전과 거의 같다는 것은 해외에서는 생각할 수도 없는 일이지만, 일본 국내에서는 오히려 '안정적'이라는 평온한 느낌이 있다. 따라서 일본은 과거에도, 앞으로도 지금과 같은 삶이 계속 이어질 것이라는 착각이 든다.

하지만 아무것도 변하지 않은 나라는 일본뿐이고, 주변 국가들은 점점 더 부유해지고 있다. 일본의 영향력과 위상은 갈수록 작아지고 있다.

크게 이동하는 중산층 거주지

일본 시장의 영향력이 5분의 1로 줄어든다

중국, 인도, 아세안, 아프리카에서는 인구와 1인당 GDP가 모두 계속 증가할 것이다. 따라서 구매력이 있는 중산층의 지역이 차츰 유럽, 미국, 일본에서 중국, 인도, 아세안, 나아가 아프리카로 옮겨 갈 것이다. 미국의 민간 싱크탱크인 브루킹스 연구소(Brookings Institution)의 국제경제 선임연구원인 호미 카라스(Homi Kharas)는 2010년에 놀라운 시뮬레이션 결과를 발표했다.

도표 7-4는 각 지역 중산층의 소비액을 세계 전체의 백분율로 나타낸 것이다. 여기서 말하는 중산층이란 구매력 평가 기준으로 하루 지출이 10달러에서 100달러 사이인 사람을 가리킨다. 즉 가처분소득이 연간 400만 원에서 4,000만 원에 이르는 셈이다.

7-4 지역별 중산층 소비 비율의 변천

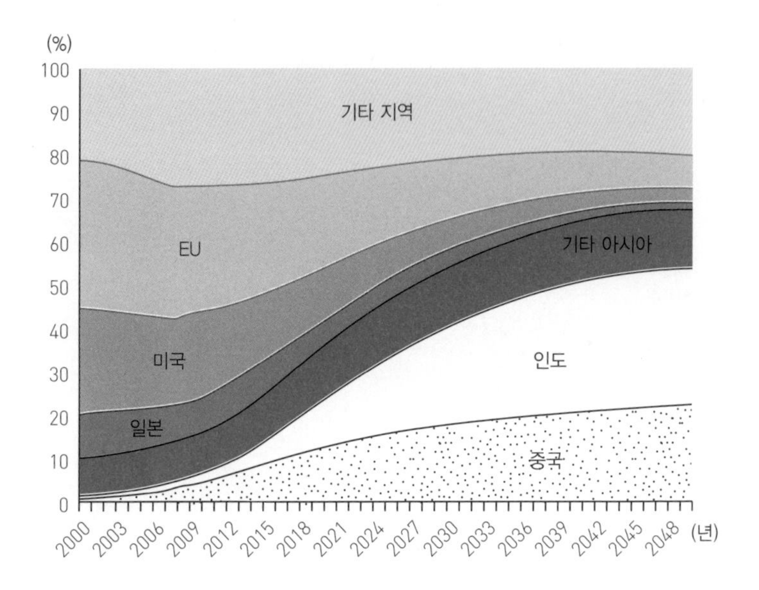

출처: Kharas, Homi "The emerging middle class in developing countries" OECD Development Center (2019년)

2000년에 이 중산층의 소비는 EU에서만 35%, 미국에서는 25%, 일본에서는 11%로 일본, 미국, 유럽 3개 지역에서 세계 중산층 소비의 70%를 차지했다. 기업이 국제경쟁에서 이기려면 이 3지역에서 시장 점유율을 높이는 것이 매우 중요했다는 뜻이다. 따라서 이들 3개 시장에 대한 소비자의 관심과 기업 동향을 파악하는 것이 경영전략의 핵심이며, 뛰어난 경영자로 평가받는 사람도 이 3개 지역에서 등장했다.

또 일본에서만 세계 중산층 소비액의 11%를 차지한다는 점도 의미가 컸다. 일본 기업들은 그럭저럭 규모가 되는 일본 시장만 상대해도 어느 정도 기술개발과 제품개발을 통해 판매전략을 세울 수 있었다. 해외 기업에 버금가는 기업경영도 가능했다.

하지만 앞으로는 그럴 수 없을 것이다. 카라스의 시뮬레이션대로 상황이 돌아가면, 2020년에는 일본, 미국, 유럽의 비율이 40%로 떨어져 반토막 날 것이다. 반면 20년 전인 2000년에 1%를 조금 넘었던 중국과 인도는 2020년 23%로 증가한다. 중국과 인도에 한국, 대만, 아세안 등 다른 아시아 국가와 지역을 더하면 총 40% 정도로 일본, 미국, 유럽의 합계와 맞먹는다. 그것이 2020년 시대의 상황이다.

그리고 이러한 경향은 더욱 가속화될 것이다. 카라스의 시뮬레이션 최종 시점인 2050년에는 중국과 인도만으로 54%를 차지할 만큼 증가한다. 나머지 아시아까지 합하면 약 70%나 되어 2000년 일본, 미국, 유럽의 상황과 비슷한 상태가 된다. 그때 일본, 미국, 유럽의 합계는 불과 13%까지 축소되며 특히 일본은 2%까지 쪼그라든다. 2050년 일본 시장에서는 점유율이 일본 1위라고 해도 국제적 영향력은 2000년의 5분의 1 수준으로 줄어든다.

반면 아시아와 아프리카에는 세계의 중심이 된 시장에서 새로운 소비 트렌드가 생겨나고, 그 수요를 충족하기 위해 제품, 기술, 비즈니스 모델이 개발될 것이다. 그리고 일본 시장에도 그 제품과 서비스가 밀려들 것이다. 과거 일본 소비자들이 일본인의 취향에 맞는 제품을 일본 기업만이 만들 수 있다고 호언장담하던 시절이 있었다. 하지만 휴대전

화, PC, 가전제품, SNS 서비스 등에서 해외 브랜드가 일본 시장을 휩쓸며 국내 시장을 견인했다.

2050년 일본 시장의 국제적 영향력이 줄어들면서 해외의 신흥 기업이 강해질 경우, 일본 기업은 치열한 경쟁의 세계에 내몰릴 것이다. 일본 기업이 해외 기업과 맞서려면 싫든 좋든 국내 시장뿐 아니라 해외 시장에서 점유율을 높이려는 기개가 필요하다.

경영 다국적화가 필수

물론 일본 기업뿐만 아니라 서구 기업들도 시장을 옮길 수밖에 없는 상황에 몰렸다. 실제로 유럽과 미국의 글로벌 기업들은 이미 중산층 입지 변화에 대응해 시장을 옮기고 있다. 식품과 소비재 대기업 P&G, 유니레버, 네슬레의 상황을 예로 들어 보자(도표 7-5).

2014년부터 2018년까지 3사의 지역별 매출 구성비를 살펴보면, 판매 시장이 차츰 아시아와 아프리카로 무게중심을 옮기고 있음을 알 수 있다. 3사 모두 지난 5년 동안 '아시아·아프리카·기타'의 매출 구성비가 늘어났다.

반면 인구가 줄고 있는 유럽에서는 이미 3사 모두 매출 구성비가 감소했다. 특히 유니레버와 네슬레는 유럽에 본사를 둔 기업이지만 유럽 내 매출 비중은 이미 30% 아래로 떨어졌다.

글로벌 기업의 강점 중 하나는 세계 인구 동태를 고려한 시장전략을

7-5 식품과 소비재 글로벌 대형 3사의 지역별 매출구성비 (%)

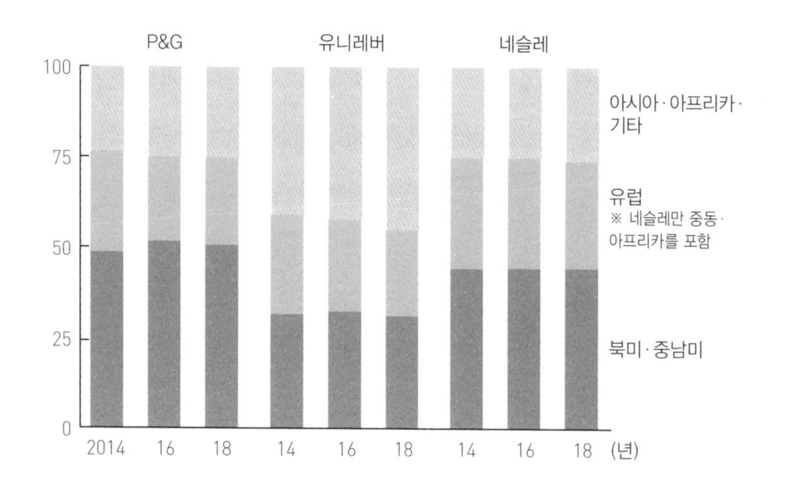

출처: 각사의 연간 리포트를 근거로 저자가 작성함

세우는 것이다. 자국의 내수시장에 집착하지 않고 시장성장률이 높은 지역을 주요 시장으로 설정해 유연하게 경영 자원을 투입한다.

이러한 권력 이동에 대응할 수 있는 능력으로 기관투자자들은 기업의 성장 잠재력을 측정하는 데 어떤 지표를 주목할까? 현재로선 지역별 매출과 수익구조가 중요한 지표이지만 그것만으로는 향후 주력 시장을 바꾸어 갈 수 있는 유연성의 선행 지표는 되지 않는다.

거기서 주목하는 것은 이사와 기업 임원, 직원들의 국적의 다양성이다. 사람은 아무래도 자신의 경험에서 오는 편향된 의사결정이나 판단을 하기 쉽다. 이사, 임직원의 국적 비율이 특정 국가나 지역에 집중돼 있으면 자연스럽게 그 지역을 중심으로 생각하게 된다.

이러한 경향은 성별, 성적 취향, 종교, 인종, 연령에도 적용된다. 전략 컨설팅업체들도 2015년경부터 잇달아 다양성(Diversity)이 재무성과를 개선한다는 분석 결과를 내놓았고 그로 인해 다양성이 경제적 합리성을 갖고 있다는 것이 알려지게 되었다.[1 2] 이제 기관투자자들은 조직의 편향을 줄이고 시장에 유연하게 대응하기 위해서는 조직 자체를 다양하게 구성하는 것이 중요하다고 보고 있다.

---

1 McKinsey & Company "Why diversity matters" (2015)

2 Boston Consulting Group "Diversity Proves to Be a Key Ingredient for Driving Business Innovation" (2018)

제8장

공급망의 세계화와 인권 문제

세계의 현실

일본의 백화점에 진열된 상품 중 상당수도 노예노동과 관련이 있다.

유엔이 규정한 기업과 인권의 관계

'인권'이라는 말은 무엇을 나타내는가

"비즈니스 계약 조건에 인권 존중을 포함하는 시대가 왔다."

이 말을 이해할 수 있는 사람이 얼마나 될까? 일본에서는 아직 일부 사람들만 알고 있지만, '인권'은 몇 년 전부터 글로벌 비즈니스의 분야에서 중요한 키워드로 자리 잡았고, 일본 기업도 이미 이 파도에 휩쓸리고 있다.

인권이란 말을 예전부터 들어왔어도 막상 그것이 무엇을 가리키는지 물어보면 분명하게 설명할 수 있는 사람들은 많지 않다. 예를 들면 사생활, 성희롱이나 권력 남용, 성소수자(LGBT) 차별, 과로사, 무상 연장 근로, 표현의 자유, 따돌림, 외국인 차별, 아동학대, 난민 보호 등 인권이라는 묶음으로 다양한 내용이 언급된다.

참고로 일본 문부과학성은 인권을 '생존과 자유를 보장하고 각각의 행복을 추구할 권리'[1]라고 규정하고 있지만, 이쯤 되면 인권과 무관한 것을 찾기가 더 어려워진다.

인권에 관해서는 1948년에 유엔이 채택한 '세계인권선언'으로 설명하기도 한다. 세계인권선언은 모두 30조로 이루어진 선언문이며 자유에 대한 권리, 사회에 대한 권리를 인권 내용으로 열거하고 있는데 사실 이런 용어 자체를 이해하기가 쉽지 않다.

자유에 대한 권리로는 대표적으로 표현의 자유, 집회의 자유, 결사의 자유, 종교의 자유, 학문의 자유, 거주 이전의 자유, 아동의 권리, 사생활의 자유, 참정권과 같은 것이 있다. 사회에 대한 권리는 직업 선택의 자유, 노동권, 교육의 권리, 복지에 대한 권리를 포함한다. 다만 인권을 존중하기 위해 무엇을 해야 하는지, 무엇을 하면 인권 침해가 되는지는 해석의 여지가 많다.

이처럼 인권은 난해한 단어다. 일본 헌법 11조에도 '국민이 모든 기본적 인권을 누리는 것을 막을 수 없다. 이 헌법이 국민에게 보장하는 기본적 인권은 침해할 수 없는 영구적인 권리로서 현재 및 장래의 국민에게 부여된다'고 쓰여 있지만, 헌법학자가 아닌 사람이 이 조문이 뜻하는 바를 분명하게 이해할 수 있을까?

그래서 일본의 법률에서도 인권이라는 용어를 그대로 사용하지 않고

---

1 문부과학성 〈인권교육의 지도방법 등의 바람직한 방향에 대해서(제2정리)〉 (2006년)

필요에 따라 인권 내용을 구체적으로 정의하고 개별적으로 법을 만드는 경우가 많다. 근로기준법, 권력 남용 방지법, 장애인 자립지원법, 개인정보보호법, 생활보호법 등이 대표적이다. 이런 식으로 인권의 모호성에 구체성을 부여한다.

그렇다면 인권에 대한 고려를 이제 비즈니스 계약 조건에 포함했을 때 이 '인권'은 무엇을 의미할까? 기업은 충분히 준비되어 있다고 말할 수 있을까?

비즈니스에서 인권이란

'인권'이라는 단어를 비즈니스에서 사용하기 시작한 데는 명확한 계기가 있다. 2011년 유엔의 인권을 다루는 기구인 유엔인권이사회는 '사업과 인권에 관한 지도원칙'을 제정했다. 이 원칙은 영어 약어로 UNGF라고 부르기도 하고, 이 원칙을 만들기 위해 노력한 하버드대학의 존 제러드 러기(John Gerard Ruggie) 교수의 이름을 따서 러기 원칙(Ruggie Guiding Principles)라고 부르기도 한다.

그렇다면 이 원칙은 인권을 어떻게 정의할까? 한마디로 기업이 존중하고 보호해야 할 인권을 '차별 철폐', '결사의 자유와 단체교섭권 승인', '강제노동 금지', '아동노동 금지'의 4개 항목으로 규정한다. 국제노동기구(ILO)는 이 4가지 쟁점에 대해 구체적인 8개의 조약(ILO 핵심 8조약)을 제정했기 때문에 어느 정도 기준이 명확하다.

특히 최근에는 강제노동과 아동노동의 두 범주가 크게 주목받고 있다. 이 두 가지를 묶어서 '현대판 노예'라고 부르는 것도 국제적으로 정착되었다. 실제로 영국과 호주에서는 강제노동과 아동노동에 개입하는 것을 막기 위한 법안에 '현대판 노예 방지법(Modern Slavery Act)'이라는 이름이 붙었다.

현대판 노예는 일본과도 상관있는 문제

국제노동기구(ILO)에 따르면 오늘날 현대판 노예는 전 세계에 2,500만 명[2]이나 있다. 이는 도쿄도(東京都), 가나가와현(神奈川県), 군마현(群馬県)의 인구를 더한 수에 해당한다.

어느 나라에 많은지도 어느 정도 알 수 있다. 현대판 노예는 개발도상국, 특히 북한, 아프가니스탄, 남수단 등 국제사회로부터 고립되어 있거나 정치적 상황이 불안정한 나라에 많다(도표 8-1, 권말부록 280쪽 컬러 그림 확인). 일본은 현대판 노예가 가장 적은 나라로 분류되어 있지만 그렇다고 안심할 수는 없다. 경제는 세계화되어 있기 때문이다

오늘날 기업은 많은 광물자원과 농작물을 해외에서, 특히 개발도상국에서 수입한다. 선진국에서 수입한 제품도 대부분 개발도상국에서 조달한 원재료로 생산한 것이다.

---

2 실제로 보고서에서는 강제결혼을 포함한 정의로 현대노예를 4,000만 명으로 책정하고 있다.

8-1 인구 1,000명당 현대판 노예

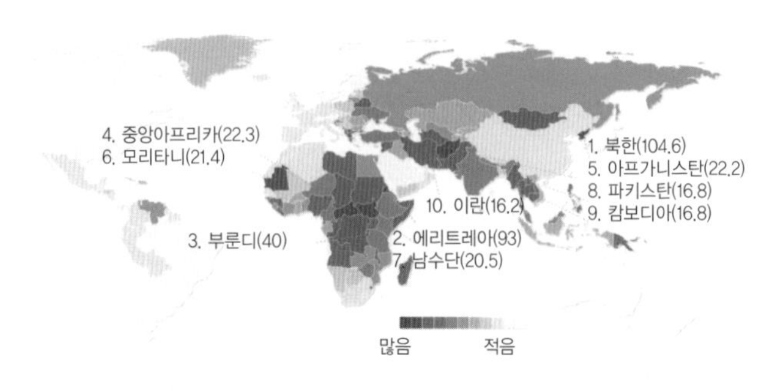

출처: Walk Free "Global Slavery Index 2018"
www.globalslaveryindex.org
※ 권말부록 280쪽에서 컬러 그림으로 확인할 수 있다.

예를 들면 일본에서 유통되는 다이아몬드, 금, 전기차 배터리에 쓰이는 코발트는 콩고민주공화국에서 가져온 것이다. 면화는 인도와 우즈베키스탄에서, 의류 제품은 캄보디아와 방글라데시에서 생산된다. 태국과 필리핀의 어선에서 어패류가 잡히고, 베트남에 IT 프로그래밍 개발을 위탁한다.

앞으로 개발도상국이 경제발전을 이루고 선진국 기업이 개발도상국에 진출하게 되면 개발도상국 안에 사업장이나 공장을 세우거나 생산을 위탁하는 일도 늘어난다. 금세기에는 기업과 소비자 모두 자신들이 취급하거나 소비하는 제품의 근본이 개발도상국인 것이 지극히 당연한 일이 되었다.

이미 일본의 대형 상장기업들도 개발도상국 납품업체에서 강제노동이나 아동노동을 강요했다는 지적이 NGO와 기관투자자들로부터 여러 차례 제기돼 왔다. 그때마다 기업들은 공급업체의 행동을 수정하게 하거나 업체와 계약을 해지하라는 압박을 받았다.

특히 이주 노동자들은 강제노동을 강요받을 위험이 크다. 특히 파키스탄, 방글라데시, 미얀마 출신 이주 노동자들이 많다. 그들은 국내 취업 알선 업체에서 돈을 빌려 높은 수수료와 도항비를 내고 간 걸프만 국가나 동남아에서 채무노동자로 일한다. 채무상환금은 급여에서 공제되어 실수입이 적을 뿐만 아니라 한밤중과 휴일에도 불려 나간다.

이 상태에서 도망치려 해도 신분을 증명해 줄 여권을 고용주가 맡아 놓은 상태여서 마음대로 이동할 수조차 없다. 결국 그들은 노동조합이나 변호사에게 달려가게 되고 거기서 사태가 표면화되는 경우도 많다.

일본 기업도 대처해야 할 때가 왔다

이런 강제노동과 아동노동 문제에 대처하기 위해 수립한 것이 유엔 사업과 인권에 관한 지도원칙이다. 하지만 이것은 법적 문서가 아니므로 지키지 않아도 처벌받지 않는다. 그저 자발적으로 따르라는 권고일 뿐이다.

하지만 이 원칙은 각국 정부가 기업에 준수하도록 촉구하는 계획(국가별 행동계획(NAP))을 만들도록 장려한다. 이를 바탕으로 영국과 호주는 현대판 노예 방지법을 제정하여 일정 규모의 기업이 지도원칙을 지키도록 법적으로 의무화했다.

특히 지난 2015년 제정된 영국의 현대판 노예 방지법은 영국에 현지 법인이 있는 외국 기업에도 적용됐다. 따라서 영국 이외의 기업도 지도원칙을 지켜야 하고, 이는 큰 파장을 일으켰다.

일본 정부는 아직 국가별 행동계획을 마련하지 않았고, 검토 중인 원안에는 영국의 현대판 노예 방지법과 같은 법적 의무 규정이 담겨 있지 않다. 그러나 해외에서 위와 같은 법안이 잇달아 제정되고 있어, 해외에 사업장이 있거나 외국 기업과 거래하는 기업은 사실상 지도원칙을 준수해야 한다.

반면 정부의 입법을 기다리지 않고 지도원칙에 명시된 대로 강제노동과 아동노동에 관여하는 것은 경영 리스크가 된다고 보고 자발적으로 지침을 지키기 시작한 기업도 적지 않다. 유니레버, 네슬레, P&G, 애플, 구글, 마이크로소프트, 스타벅스, 맥도날드, 월마트, 나이키, 리바이스 등이 대표적이다. 일본 기업에서도 패스트리테일링, 가오, 소니 등이 자발적으로 지도원칙을 준수하기로 결정했다. 이들 기업은 또한 자신과 계약한 거래 기업도 지도원칙을 지키라고 요구한다. 실제로 계약서에 그런 문구가 추가될 움직임도 보인다.

특히 인권 침해 위험이 높은 이주 노동자에 관해서는, 많은 기업이 영국 NGO 인권과 비즈니스 연구소(IHRB)가 2012년에 제정한 '품격 있는 이주의 다카 원칙(Dhaka Principles for Migration with Dignity)'을 자발적으로 준수하고 있다. 이 원칙은 취업 알선을 통한 구직자 급여 지급 금지, 고용주의 여권 보관 금지, 근로자가 취업하기 전 본인이 이해할 수 있는 언어로 근로조건을 서면으로 통지하기 등 이주 노동자의 강제노동을 막기 위한 10가지 원칙을 규정하고 있다.

2013년 이 원칙의 명칭이 된 방글라데시의 수도 다카 인근에서 1,100명 이상의 사망자가 발생했다. 8층짜리 상가 건물인 라나플라자가 무너졌는데 그곳에는 많은 의류 봉제업체가 입주해 있었다. 사고 전날 건물에서 균열이 발견돼 사용을 중단하라는 경고를 받았지만 이를 무시했다가 발생했으니 인재라고 볼 수 있다.

라나플라자에 입주한 봉제공장은 서구의 대형 의류업체를 대상으로 다수의 제품을 생산하고 있었기 때문에, 이 사건은 외신에서도 널리 보도되었다. 이로 인해 다카 원칙 중 하나인 '직장 환경이 안전하고 적절할 것'이 미흡하다는 것이 드러나 많은 기업이 비판을 받았다.

이 비극적인 사건을 계기로 의류 대기업들은 국제노동기구(ILO)와 방글라데시 노동 당국과 협력해서 현지의 법령 규정보다 높은 수준의 노동 기준을 자발적으로 지도하기 시작했다. 방글라데시 외에도 캄보디아와 미얀마의 거래처 봉제공장이 높은 노동 기준을 설정하고 현지 정부에 노동 기준을 상향 조정해 달라고 요청하기까지 했다.

진화하는 아동노동에 대한 대처

'악질적인 아동노동'은 무엇을 말하는가

국제노동기구(ILO)에 따르면, 2016년 아동 노동자의 수는 전 세계적으로 1억 5,200만 명이다. 특히 아프리카에 7,200만 명, 아시아와 태평양에 6,200만 명, 북미와 중남미에 1,100만 명이 있다. '먹고살기 위해 부득이 일해야 하는 사람도 있다'는 관점에서 보면 아동노동이 반드시 나쁜 것만은 아니라는 반론도 있다. 예를 들면 가난한 나라에서 많은 가정이 일손을 얻기 위해 아이를 많이 낳는다. 일본에서도 아이들이 가게를 지키거나 농가에서 모내기를 돕는 것은 흔한 일이었다.

국제노동기구(ILO) 협약은 원칙적으로 가벼운 노동은 12세 이하, 그 외에는 15세 이하의 노동을 '아동노동'으로 간주한다. 하지만 현실적으로 자녀의 노동에 의존하지 않고는 가업을 할 수 없는 곳도 있다.

그러나 아동노동 문제를 다루기 위한 대처들은 상당히 진화하고 있다. 우선 ILO 협약은 아동의 일률적인 노동을 금지하려는 것이 아니라 '악질적인 아동노동'에 중점을 두고 대처하려 한다.

악질적인 아동노동은 '인신매매, 징집을 포함한 강제노동, 채무노동 등의 노예노동', '매춘, 음란물 제조, 음란한 연기', '약물 생산과 거래', '아동의 건강, 안전, 도덕을 해칠 우려가 있는 노동'의 4가지가 규정되어 있다. 악질적인 아동노동은 2016년 7,300만 건이었다. 이 중 남자가 4,500만 명, 여자가 2,800만 명이었다.

마지막 분류인 '아동의 건강, 안전, 도덕을 해칠 우려가 있는 노동'은 구체적으로 정의하기 어렵지만, 최근에는 유해성이 강한 코발트 원석을 맨손으로 채굴하는 노동과 유해 농약으로 범벅이 된 목화 농장에서 맨손으로 목화를 따는 것이 문제가 되었다. 코발트는 노트북이나 전기 자동차(EV), 축전 설비의 배터리 원료로 쓰인다. 슬픈 이야기지만 코발트 채굴과 목화 채취에 관한 아동노동은 전 세계에서 일어나고 있다. 공급망(supply chain)상에서 이러한 아동노동에 관여하는 기업은 상당히 악질로 간주된다.

미취학 아동 가정을 지원

아동노동이 문제인 이유는 미취학이 빈곤과 밀접한 관련이 있는 것으로 밝혀졌기 때문이다. 형편이 어려운 가정에서는 자녀에게 일꾼

역할을 기대하기 때문에 자녀를 학교에 보내지 못한다. 그러면 미취학 자녀는 어른이 되어서도 소득을 높일 기회를 얻기 어렵고, 가정을 꾸려서 아이를 낳아도 형편이 넉넉해지지 않는다. 그러면 그 가정은 다음 세대에도 자녀를 학교에 보낼 수 없게 된다. 아동노동을 금지하는 목적은 이런 악순환을 끊기 위해 아이를 학교에 보내는 것이다.

이 때문에 악질이 아닌 아동노동에 대해서도 이 악순환을 끊기 위한 대책이 마련되고 있다. 가장 일반적인 대책은, 경제적인 여유가 없어서 아이를 일꾼으로 기대하지 않도록 가정을 경제적인 여유가 있는 상태로 만드는 것이다.

그동안 아동노동 대책은 유니세프(UNICEF)나 NGO가 중심이 되어 후원했지만 이제는 기업도 중요한 주체가 되었다. 적정한 임금 지급, 자녀의 도움 없이 충분히 생산 활동을 할 수 있는 노하우 제공, 학비 지원과 같은 프로그램을 기업이 독자적으로, 또는 NGO와 연계해 개발하고 있다.

물론 아이 자신이 학교에 가기 싫어할 수도 있으므로 현지에서 따뜻한 상담과 동행이 꼭 필요하다. 과거에는 자녀를 학교에 보내지 않는 부모를 비판하기만 하는 가혹한 시절도 있었지만, 요즘은 무조건 자녀에게 일을 시키지 말라고 강요만 하지 않고 그럴 수밖에 없는 부모의 사정을 잘 헤아려 자녀를 학교에 보낼 수 있는 상태로 만들자는 쪽으로 생각이 바뀌었다. 이 변화는 높이 평가해도 좋을 것이다.

향후 일본에서 현대판 노예가 등장할 가능성이 크다

외국인 노동자에서 활로를 찾다

해외 공급업체에서 인권 대처에 초점이 맞춰지는 한편으로 일본 안에서 현대판 노예가 나타날 것이 우려된다. 일본에서는 빚에 짓눌린 채무노동자가 성인업계나 불법 유흥업소 등에서 강제노동을 한다는 사실이 오래전부터 알려져 있다. 여기에 외국인 노동자의 강제노동까지 등장하고 있다.

지금 일본은 심각한 인력난을 겪고 있다. 외국인 근로자에게 의존하지 않으면 사업을 지속할 수 없는 기업이 늘고 있다. 1차산업이라 부르는 농림수산업은 특히 심각해서 구인 모집을 해도 사람이 모이지 않는다. 그런 이유로 일본은 외국인 기능실습이라는 국가 시스템을 활용해 외국인 노동자에서 활로를 찾으려 해 왔다.

편의점이나 음식점 같은 다른 업종에서도 취업 자격이 있는 외국인 유학생을 계속 고용하고 있다. 그런데도 인력난은 해소되지 않고 있다. 이에 따라 일본 정부는 특정 기능 비자라는 새로운 제도를 마련함으로써 외국인 노동자의 수를 늘리기로 결정했다. 일본에서는 외국인 노동자의 수가 늘면 일본인의 일자리를 빼앗긴다며 반대하는 사람들도 있다. 하지만 앞으로 일본은 출산율 저하와 고령화로 인해 일본의 노동인구가 대폭 감소하는 매우 어려운 상황에 직면할 것이다(도표 8-2).

8-2 일본의 인구 예측

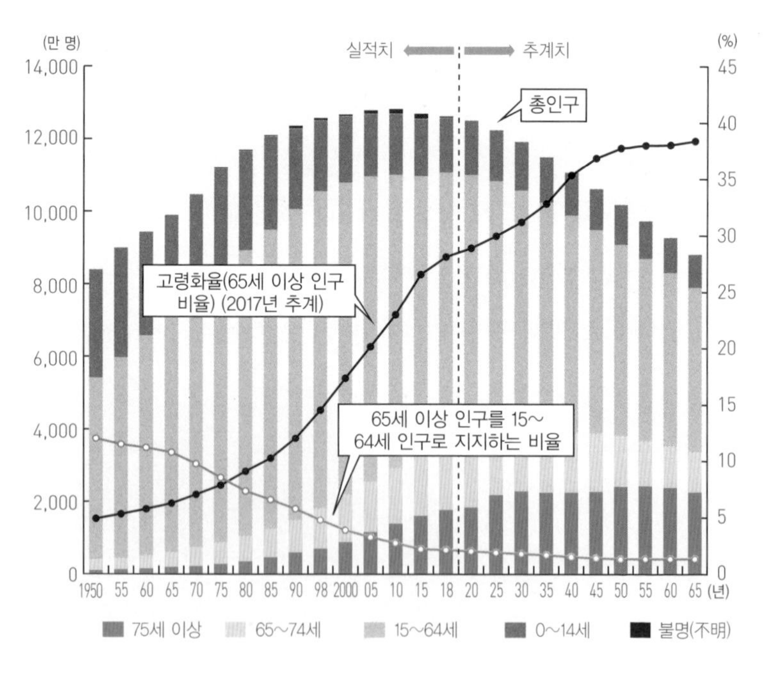

출처: 일본내각부 〈2019년판 고령사회백서〉

35년간 2,400만 명이나 감소하는 생산연령인구

그렇다면 노동인구는 얼마나 줄어들까? 일본의 생산연령인구(15~64세)는 1995년 8,700만 명으로 정점을 찍은 뒤 완만하게 감소하여 2020년에는 7,400만 명 수준이 되었다. 생산연령인구에는 일하는 사람도 있고 안 하는 사람도 있지만, 남녀 구분 없이 15세에서 64세에 이르는 인구가 1995년 이후 1,300만 명이나 줄었다는 이야기다.

이처럼 대폭 일손이 줄어드는 사태에 직면한 일본 기업은 생산연령인구 중 미취업자가 많던 여성과 65세 이상의 고령자를 중심으로 이들을 새로운 노동력으로 활용하는 대책을 강구했다. 2010년부터 2020년까지 일본 고용시장은 이런 식으로 위기를 가까스로 넘겼다. 이 기간에 일본의 완전실업률은 2010년 5.0%에서 2019년 2월 2.2%로 떨어졌다. 원래 일손이 부족했던 것을 생각하면 전혀 이상하지 않다.

하지만 노동력 감소는 여기서부터 시작된다. 2020년 7,400만 명인 생산연령인구는 2030년 6,900만 명, 2050년 5,300만 명, 2065년 4,500만 명으로 줄어든다. 2030년부터 2065년까지 35년간 생산연령인구가 2,400만 명 줄어든다는 얘기다. 정부는 외국인 근로자로 이를 보완하겠다는 생각이지만, 특정 기능 비자를 받는 외국인 노동자는 2023년까지 약 34만 명에 불과하다. 이미 특정 기능 비자 수용대상 업종만으로도 145만 명의 인력이 더 필요하다. 이처럼 노동력이 턱없이 부족한 실정이다.

외국인 기능실습생이 현대판 노예가 되다

이렇게 되면 인력난에 시달리는 기업들 가운데 외국인 노동자를 장시간 근무시켜 어려움을 극복하려는 기업이 나올 법도 하다. 그리고 외국인 노동자를 확보하기 위해 취업 알선 업체를 써서 구직자에게 취업 비용을 부담시키는 곳이나 근로조건을 외국인 노동자가 이해할 수 있는 언어로 설명하지 않고 여권을 회사에 보관하는 곳도 생겨날 수 있다.

이것은 개발도상국과 마찬가지로 일본에서도 현대판 노예의 탄생으로 이어질 것이다.

일본 후생노동성의 조사에 따르면 2018년 외국인 기능실습생 제도로 실습생을 받아들인 기업 7,334곳 중 5,160곳이 노동법을 위반한 것으로 나타났다. 위법률이 무려 70.4%다.[3] 불행히도 일본을 대표하는 주요 상장사들에서도 위반사항이 발견되었다.

기능실습법은 중대한 노동법 위반이 적발되면 법무부 장관이 기능실습 합격 '인증'을 취소할 수 있고 5년간 기능실습생이나 특정 기능 비자를 받지 못하도록 규정한다. 위반사항이 인정되면 외국인 노동력을 활용하는 채용 전략을 취할 수 없으며, 이것은 기업 경영 측면에서 보면 사활을 걸 만큼 중대한 문제이다.

---

3 후생노동성 〈외국인 기능실습생의 실습실시자에 대한 2018년의 감독지도와 송치 등의 상황을 공표합니다〉

강제노동이 만연한 나라는 외국인 노동자의 일자리로서 인기를 잃게 되어 있다. 특히 많은 외국인 노동자들이 일본에 꿈을 안고 일하러 오기 때문에 강제노동이 발각되었을 때 받는 충격은 헤아릴 수 없을 정도다. 전례 없는 인구감소 사태를 해결해 주는 존재인 외국인 노동자들이 외면한다면 일본은 노동력 감소라는 충격을 감당할 수 없을 것이다. 비즈니스와 인권에 대해 자발적으로 적절히 대처하는 것은 사업을 지속시키기 위한 필요조건이 되어 가고 있다.

제9장

메가트렌드를 이해하는 것이 승패를 가르는 시대

앞으로 갈수록

메가트렌드라는 큰 파도가

밀려오고 있음을

인식하는 사람과 그렇지 않은 사람은

다른 판단을 할 것이다.

특히 불황기에는 이러한 인식의 차이가

사업전략이나 투자판단의 차이로 나타나

표면화할 것이다.

이는 장기적인 기업 경쟁력, 투자수익률,

국력이라는 형태로 돌아올 것이다.

메가트렌드에는 '집단행동의 논리'가 작용한다

1장에서 8장까지 기후변화, 농업, 산림, 수산, 물, 감염병, 권력 이동, 노동 인권의 8개 분야를 살펴보았다. '위험, 위기, 우려'라는 단어가 계속 나왔는데 이를 외면하고 싶었던 이들이 많을 것이다. 하지만 이것은 모두 통계를 사용하여 예측한 결과다.

당연히 통계를 사용한 예측은 빗나갈 수 있다. 일기예보도 빗나가고 주가 예상도 빗나간다. 우리가 새로운 지식을 얻고 예측의 정확성을 높인다면 당연히 예측의 결과도 바뀔 수 있다. 그때의 변화는 애초 예측보다 더 좋을 수도 있고 더 나쁠 수도 있다. 미래는 애초에 정해진 것이 아니라 우리의 행동에 따라 바뀔 수 있다. 매일 아침 늦잠을 잘 확률이 30%인 사람도 고성능 자명종을 사용하면 늦잠 확률을 0%로 줄일 수 있다.

일상적인 예측과 메가트렌드 기반 예측은 맞을 수도 틀릴 수도 있다.

그러나 예측 결과를 통제한다는 측면에서 일상 예측과 메가트렌드 예측은 크게 다르다.

예를 들면, 담배를 끊은 사람이 내일 담배를 피울지 예측하는 것은 그 사람의 행동에 따라 그 결과를 통제할 수 있다. 반면 담수가 점점 부족해진다는 메가트렌드의 예측을 통제하려면 엄청난 노력이 필요하므로 결과를 인위적으로 통제하기가 쉽지 않다.

1965년 미국 경제학 교수 맨슈어 올슨(Mancur Olson)은 '집단행동의 논리'(The Logic of Collective Action)라는 이론을 개발했는데, 집단이 클수록 공동의 목표를 달성하기 어렵다는 이론이다. 대집단에 속한 사람들은 자신 한 명이 손을 떼도 전체에 영향을 주지 않을 거라고 생각하고 손을 떼기 때문에 원래 목표가 달성되지 않는다는 이론이다.

메가트렌드에는 집단행동의 논리가 그대로 작용한다. 결과를 통제하기 위해 노력하려면 많은 이의 협조가 필요하지만, 개개인의 노력 효과가 잘 보이지 않으므로 여간해선 협조를 얻기 어렵다. 과거에 유엔 같은 전문가와 일부 환경주의자들만이 메가트렌드에 관심을 보인 것은 강한 문제의식을 느끼고 있지 않으면 꾸준히 노력할 마음이 들지 않기 때문이었을 것이다.

경제계도 리스크 대응에 나서다

하지만 첫머리에서도 소개했듯이 이제 유엔뿐 아니라 월 스트리트로 대표되는 자본주의를 책임지는 기관투자자도 이러한 위험을 인식하기 시작했다. 그것은 매년 1월에 열리는 세계 최대 경제 회의 다보스 포럼의 보고서에도 나타난다(도표 9-1).

이 두 그림은 다보스 포럼에서 매년 발표되는 글로벌 리스크 보고서의 2011년과 2020년 결과를 비교한 것이다. 다보스 포럼 관계자에게 각 위험의 발생 확률(가로축)과 발생했을 경우의 경제적 손실 정도(세로축)를 물어 결과를 집계했다.[1 2]

지난 10년 동안 기후변화와 물에 관한 위험은 그림의 오른쪽 상단, 즉 발생 확률과 발생 시의 손실 양면에서 크다고 지속적으로 인식되어 왔다. 식량 위기와 감염병도 상대적으로 높은 편이다. 또한 각 위험은 실제로는 독립적이지 않으며 종종 높은 수준의 상호연관성을 보인다. 예를 들면 우리가 이 책에서 보았듯이 기후변화는 식량 위기와 밀접한 관련이 있다.

이 보고서는 과학적 자료라기보다는 경제금융 관계자들의 주관적인 인식을 집계한 것이다. 하지만 우리는 이 보고서를 통해 메가트렌드가 경제에 상당한 영향을 미치고 있으며 무시할 수 없는 위험 요소가 되

---

1 World Economic Forum "The Global Risks Report 2011"

2 World Economic Forum "The Global Risks Report 2020"

9-1 글로벌 리스크 보고서 (2011년과 2020년)

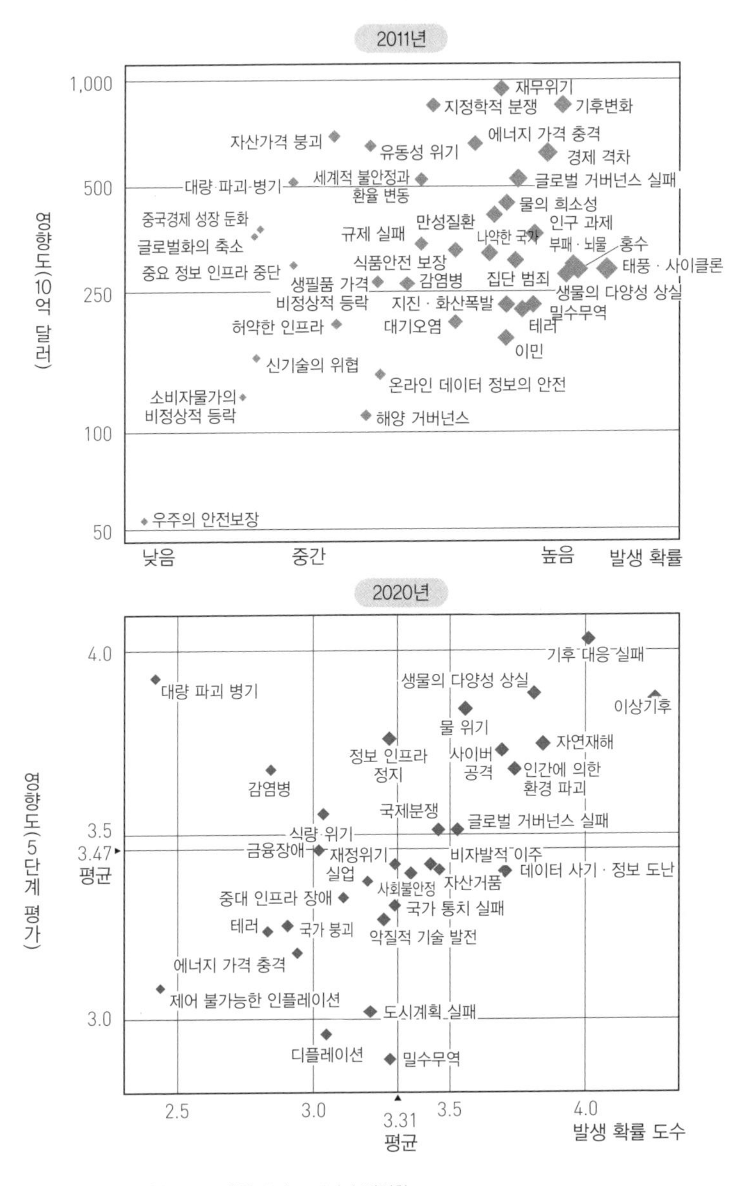

출처: 세계경제 포럼(다보스 포럼)을 근거로 저자가 번역함

고 있음을 알 수 있다. 이 책에는 다루지 않았지만 최근에는 사이버 공격 등 테크놀로지에 관한 위험 인식도 확산되고 있다.

위험이 있는 곳에는 대책이 생기기 마련이다. 글로벌 기업이 '지속가능성'을 키워드로 내세워 행동에 나선 것은 그 때문이다. 기관투자자들도 ESG를 키워드로 위험을 키우는 분야에 대한 투자를 줄이거나 투자 대상 기업이나 정부가 위험을 키우는 행위를 중단하도록 움직이는 동시에 위험 완화에 도움이 되는 새로운 기술과 사업에 적극적으로 투자하고 있다.

과학자들도 위험을 막기 위해 연구개발에 힘쓰고 있으며, 은행들은 대출할 때 ESG를 고려하게 되었다. 시스템 엔지니어(SE)들은 많은 IT 기반 솔루션을 개발했다. 금융안정위원회(FSB)와 국제결제은행(BIS) 등 금융 관련 국제기구도 금융시스템 전체를 뒤흔들 수 있는 체계적 위험(Systemic Risk)에 관심을 갖고 금융감독을 강화하고 있다.

21세기 인류는 이처럼 다양한 위험 요소를 외면하지 않고 하나하나 대책을 세우고 있다.

ESG나 SDGs는 '이미지 개선 전략'이 아니다

일본에서는 2018년경부터 정부의 지시로 유엔의 지속 가능한 발전 목표(SDGs)에 관심이 집중되었다. 동시에 ESG 투자라는 용어가 차츰 확산되었다. 하지만 일본에서는 SDGs나 ESG 투자가 '윤리'와 '사회에 대한 기여'로 다루어지는 측면이 강하다. 또는 홍보와 선전활동을 위한 '이미지 개선 전략'으로 받아들여진다. 하지만 ESG를 메가트렌드에 대한 위험 대책으로 인식하지 않았다면 그것은 ESG를 올바르게 이해하지 못했다는 뜻이다.

글로벌 기업과 기관투자자는 지속가능성을 경영전략과 위험 관리의 문제로 취급하고 있으며, 외부기관과 연계를 담당하는 지속가능성 부문은 국제기구나 NGO와 연계를 적극적으로 추진하고 있다. SDGs의 목표 17에 '파트너십'이 강조되고 있는 것은 그 때문이다. 이에 관한 산업·금융계의 변화에 대해서는 필자의 『ESG 사고』에서 자세하게 다루었다.

앞으로 갈수록 메가트렌드라는 큰 파도가 밀려오고 있음을 인식하는 사람과 그렇지 않은 사람은 다른 판단을 할 것이다. 특히 불황기에는 이러한 인식의 차이가 사업전략이나 투자판단의 차이로 나타나 표면화할 것이다. 이는 장기적인 기업 경쟁력, 투자수익률, 국력이라는 형태로 돌아올 것이다.

메가트렌드는 장기적인 추세이므로 지금 알아도 결코 늦은 것이 아니다. 한 번 이해하면 끝이 아니므로 지속적으로 정보를 업데이트해야 한다. 따라서 경쟁에서 역전할 기회를 얼마든지 만들 수 있다. 이 책이 여러분에게 유용하게 쓰이기를 바란다.

지속가능성(Sustainability)은 정말 방대한 주제인 것 같다. 이 책에서는 이미 기관투자자들의 많은 관심을 끈 8가지 주제를 분석했는데 이 내용만으로도 충분히 방대한 정보가 담겨 있다. 8가지 주제 외에도 사이버보안, AI와 윤리, 사회 격차 등도 지속가능성 분야로 떠오르고 있다. 지속가능성에 대한 범위가 나날이 커지고 있다는 방증이다.

나는 지속가능성이 무엇이냐는 질문을 받으면 '종합격투기'라고 대답한다. 경영학, 금융학, 경제학, 법학, 정치학, 회계학, 재정학, 사회학, 심리학, 환경학, 공학, 화학, 정보공학, 생물학, 의학, 약학은 모두 지속가능성과 깊은 관련이 있는 분야다. 사물을 판단하려면 다양한 관점에서 그 영향을 분석해야 한다. 따라서 종합격투기처럼 다양한 '유형'과 '기술'이 필요한 분야이므로, 각 학문 분야의 방법론이 모두 도움이 된다.

나는 지방에서 자랐는데, 우리 집에는 내가 태어났을 때 부모님이 사 주신 도감 시리즈 외에는 책이 전혀 없었다. 나는 고등학교 때까지 만화와 소설만 읽었다. 대학 1학년 때 부모님에게 휴대전화를 선물로 받고 나서야 인터넷을 사용했다. 그해 크리스마스 선물로 할머니가 노트북을 사 주시기 전까진 종이와 연필로 대학 리포트를 썼다. 이런 내가 종합격투기를 배울 수 있었던 것은 정말 많은 분들 덕분이다.

도쿄 대학에서 교양 학부 시절에는 고(故) 고테라 아키라(小寺 彰) 교수, 이와사와 유지(岩澤 雄司) 교수(현 국제 사법재판소 재판관), 오와다 히사시(小和田 恒) 객원 교수(전 국제 사법재판소 재판관, 전 외무 사무차관), 야마우치 마사유키(山內 昌

之) 교수(현 도쿄 대학 명예 교수), 사와다 야스유키(澤田 康幸) 교수(현 아시아 개발은행 수석 이코노미스트 겸 경제 조사 · 지역 협력 국장)에게 많은 가르침을 받았다. 비상근으로 교편을 잡은 사토 마사루(佐藤 優) 강사에게는 국제사회의 동향과 법규범을 생각할 때 하나의 주제를 깊이 사고하는 것이 얼마나 중요한지 배웠다. 후에 부흥청 사무차관이 된 오카모토 마사카쓰(岡本 全勝) 객원 교수는 정부의 구조와 입법, 예산 구조, 구조적인 과제를 가르쳐 주었다. 나는 그분들과 만남에서 충격에 가까운 자극을 받았다.

사회에 나가서는 상사와 선배, 고객, 미국 썬더버드 글로벌 경영대학원(Thunderbird School of Global Business)에서 MBA를 이수할 때 만난 교수들에게 조직의 행동 원리와 의사결정 기준, 행동의 차이를 낳는 배경 등을 배웠다. MBA 과정을 밟으면서 만난 30개국 이상의 동기들에게는 관점과 사업관습의 차이, 경제가 글로벌화하고 있다는 사실을 깨달았다.

그리고 인생 두 번째 석사학위를 받은 하버드 대학원에서는 환경학, 생물학, 공중위생학, 통계학이라는 여러 관점에서 분석적인 틀과 관점을 배웠다. 이 석사과정을 밟는 학생들은 30세부터 60세까지 연령층이 다양했고 현장에서 활약하는 사람이 많았기 때문에 일본의 지속가능성 상황을 다른 나라와 비교할 소중한 기회가 되었다.

또 세계 여러 곳을 다니기 좋아하는데 그때의 경험도 도움이 되었다. 나는 딱 100개국을 방문했는데 에티오피아의 아디스아바바, 스리랑카의 콜롬보, 카자흐스탄의 알마티, 코스타리카의 산호세 등을 방문하고 그동안 그곳에 '가난'이라는 이미지만 갖고 있던 자신이 매우 부끄러웠다. 여러 곳을 다니면서 세상이 연결되어 있음을 깨달았고 그와 더불어 문제가 복잡하게 얽혀 있다는 것도 느꼈다.

지속가능성에 대해 이해하고 생각하는 것은 끝없는 장거리 달리기와 같다. 따라서 언제 배우기 시작해도 늦지 않다. 어디서부터 시작해야 할지 모르겠다면 일단 관심이 있는 분야부터 찾아보자. 시간이 흐르면서 여러 가지 의문과 관심이 생길 것이다. 특히 지금은 인터넷을 이용하면 여러 데이터에 무료로 접근할 수 있다. 이 책의 자료도 대부분 무료로 열람할 수 있다. 나의 어린 시절이나 대학 시절에 비하면 지금은 원하는 정보에 얼마든지 접근할 수 있다.

이 책은 니혼게이자이(닛케이) 신문사의 한 기자 덕분에 세상에 나올 수 있었다. SDGs가 무엇인지, ESG 투자가 무엇인지 아직 일본에 알려지지 않았던 2017년 10월, 그는 인터넷으로 나를 발견해 인터뷰하러 찾아왔고 두 달 뒤 닛케이 신문 석간 1면에 기사를 올려 줬다. 그 후 닛케이 신문 조간 1면에도 게재되어 ESG 사고의 중요성을 독자에게 소개할 수 있었다. 최초의 접점이 된 그 기자가 이 모든 일의 계기를 마련해 준 것이다.

그리고 2019년 3월 닛케이 전자판 특집 칼럼(달리는 투자자 영혼)에서 나를 전문가로 다루어 준 것을 계기로 이 책을 편집한 닛케이 BP의 아카기 유스케(赤木裕介) 씨를 만날 수 있었다. 사람 인연의 신기함을 새삼 느끼며 그동안 함께 해 주신 많은 분께 다시 한 번 감사드린다.

지금은 CNN, 파이낸셜 타임스, 워싱턴 포스트의 취재를 받는 덕분에 영어로 정보를 전달할 기회가 많아졌다. 이 책이 여러분에게 환경을 생각하는 어떤 계기가 되기를 진심으로 바란다.

2020년 6월

후마 겐지

부록 (컬러 그림 참조)

1-4 연강수량과 계절별 3개월 강수량의 변화 예측 (단위: %)

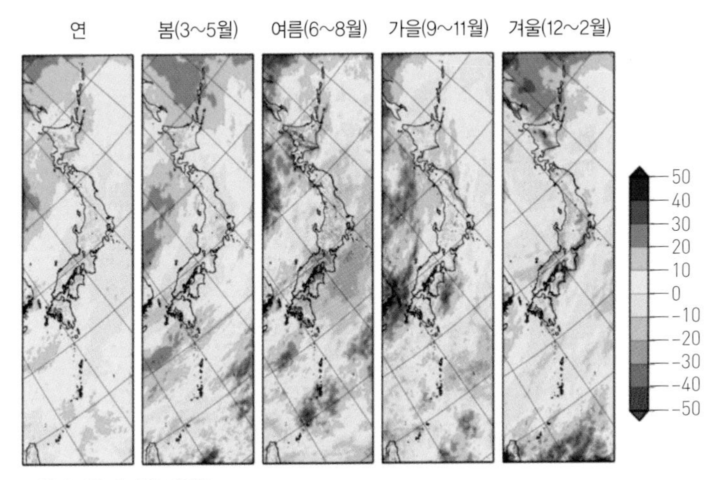

㈜ 현재 기후에 대한 변화율
출처: 일본 기상청 『지구온난화 예측 정보 제9권』 2017년

1-5 2100년 미국 전역의 산불 소실 면적 예측

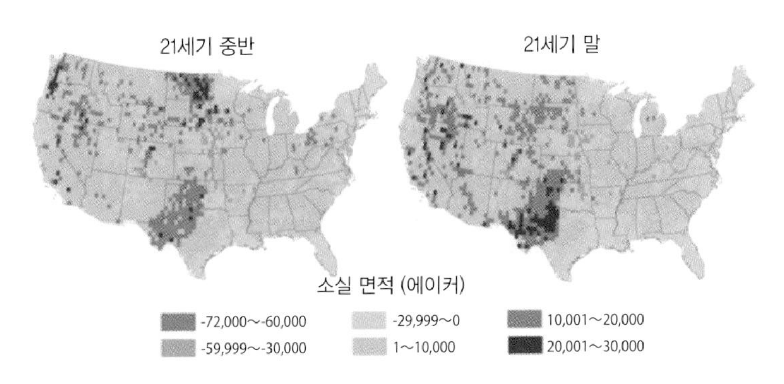

출처: EPA "Climate Action Benefits: Wildfire" 2015년 / 접속일 : 2019년 12월 31일

1-6 해수면이 5m 높아질 때 물속에 잠기는 지역(3대 도시권)

긴키권(近畿圈)

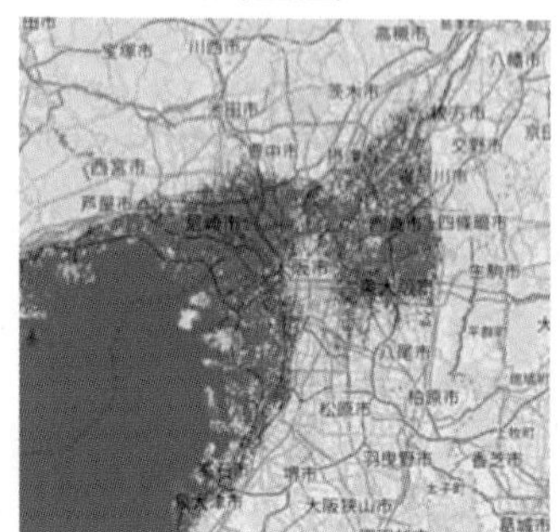

주쿄권(中京圈)

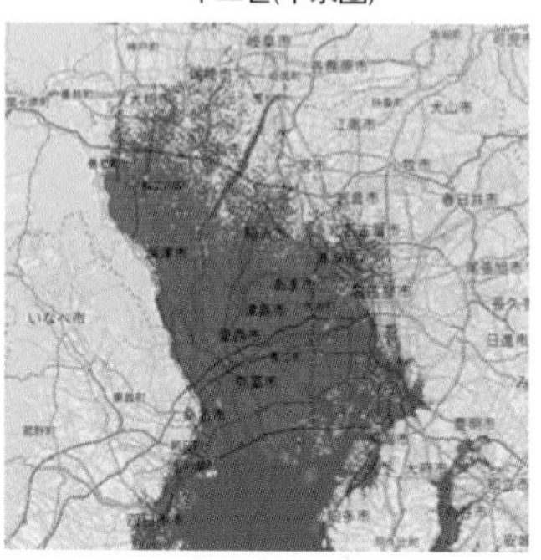

수도권(首都圈)

출처: flood. firetree.net

1-7 보스턴시의 해수면 상승에 따른 홍수 예측 지도

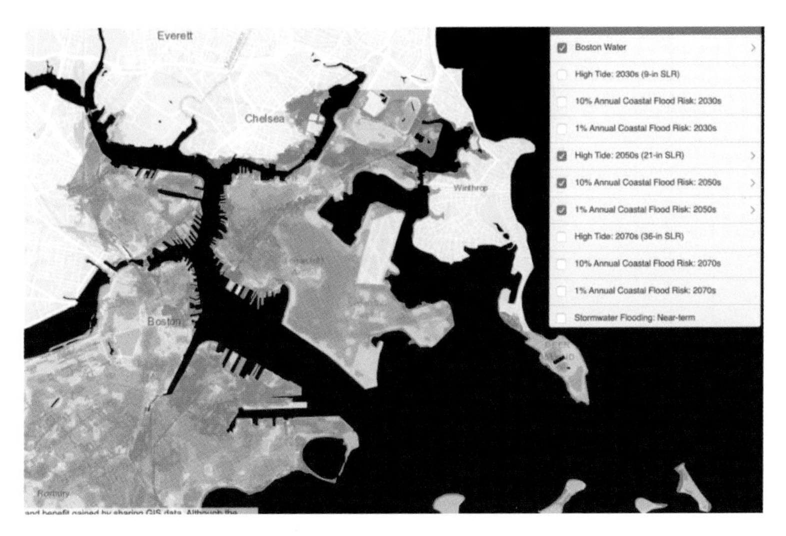

출처: City of Boston "CLIMATE READY BOSTON MAP EXPLORER"

1-9 세계의 평균기온이 2℃ 올라갈 때 각 지역의 기온 변화

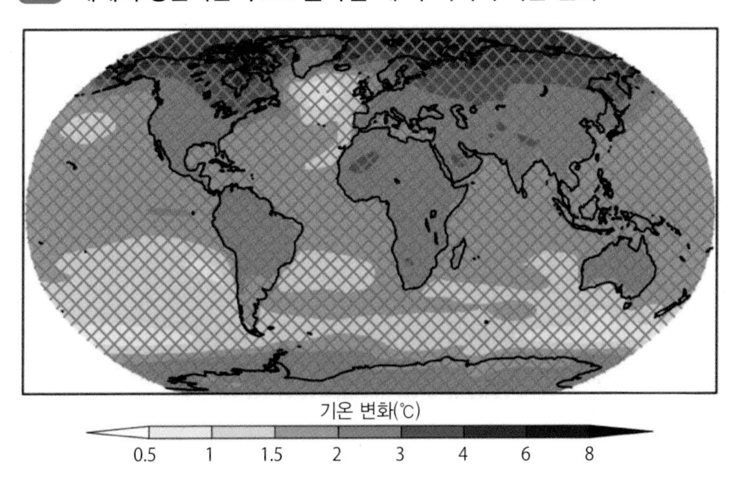

출처: IPCC 『1.5℃ Special Report』를 근거로 저자가 번역함

2-8 2070~2099년의 곡물생산량 변화(질소 스트레스 있음)

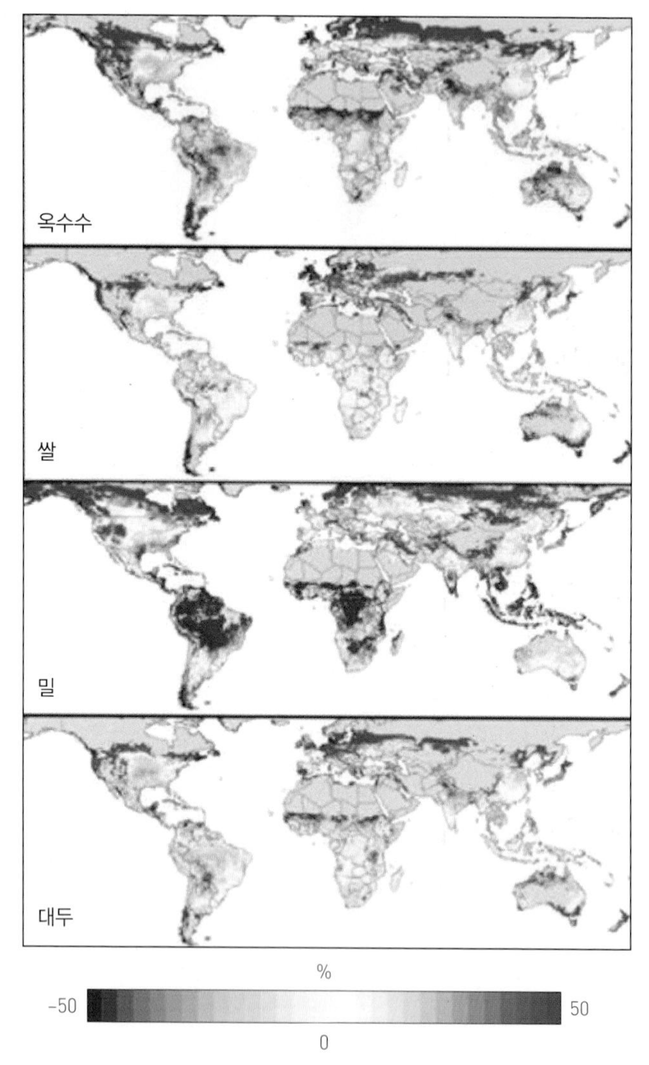

출처: Rosenzweig 외 (2014년)와 IPCC (2019년)를 근거로 저자가 번역함

2-10 세계 각국의 식량자급률

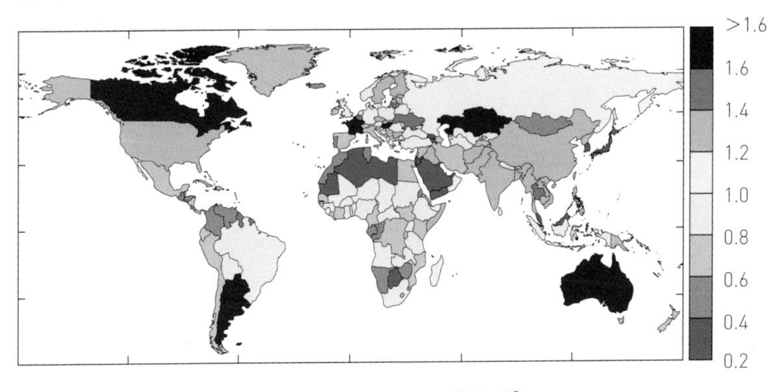

출처: FAO "The State of Agricultural Commodity Markets 2015–16"

3-1 2019년 아마존 산불 시의 인공위성 영상

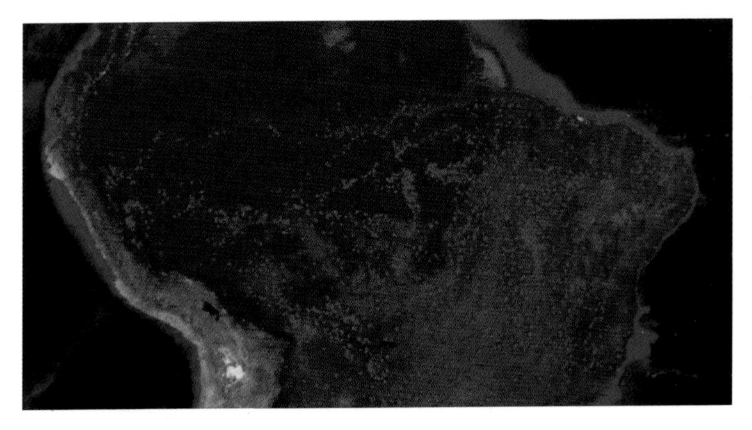

출처: NASA (2019년)

4-8 최대 어획 가능량의 변화

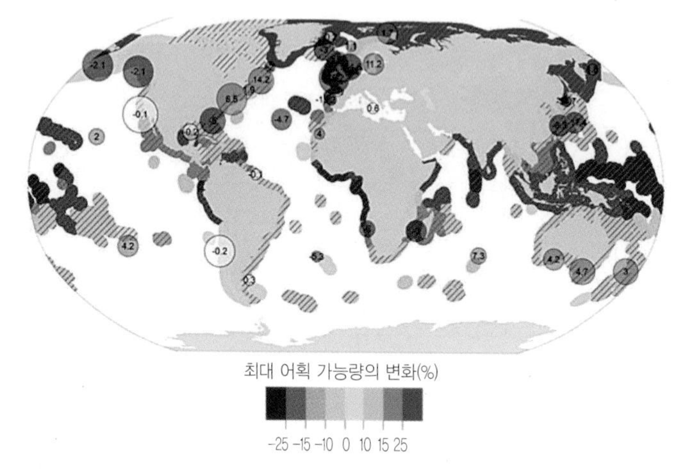

출처: IPCC (2019년)를 근거로 저자가 번역

5-2 가상수의 흐름 ①

출처: European Commission Joint Research Center "World atlas of desertification – Virtual Water" (2019년, 접속일 : 2019년 12월 31일)

5-1 2040년에는 광범위한 지역이 물 스트레스에 시달린다

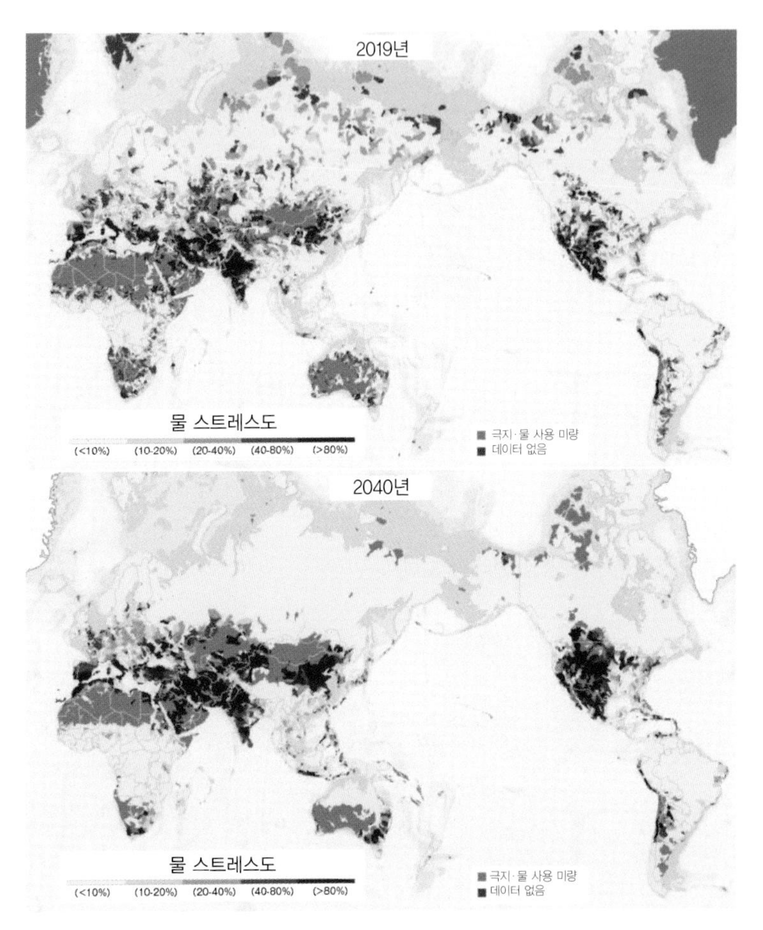

출처: WRI "Aqueduct water risk atlas" (접속일 : 2019년 12월 31일)를 근거로 저자가 번역함

5-3 가상수의 흐름 ②

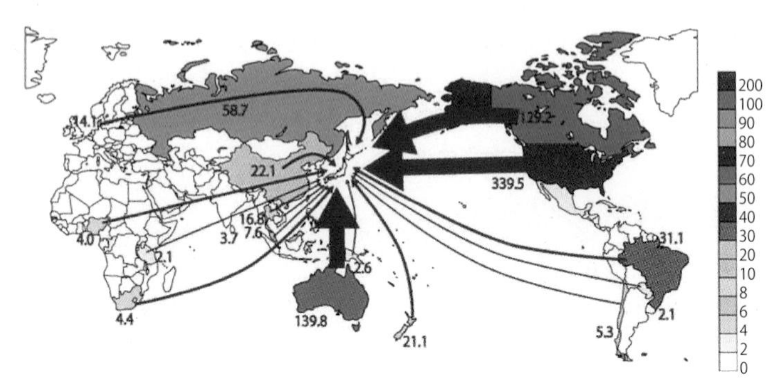

출처: 일본 환경성 『2013년판 환경·순환형사회·생물다양성 백서』 2005년 시점 데이터

8-1 인구 1,000명당 현대판 노예

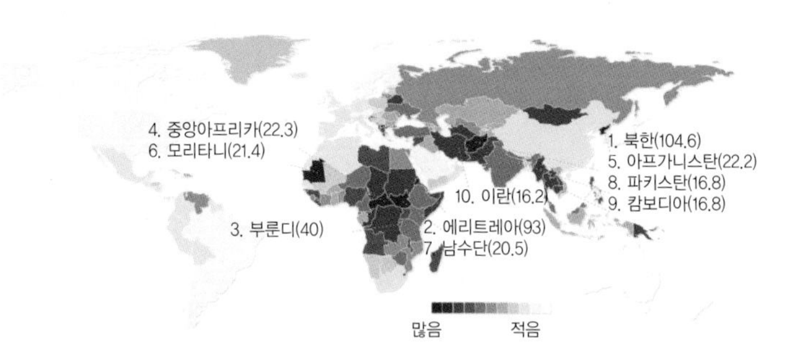

출처: Walk Free "Global Slavery Index 2018"
www.globalslaveryindex.org